인간적인, 너무나 인간적인 수학

인간적인, 너무나 인간적인 수학

Bridges to Infinity

Michael Guillen 지음
박영훈 옮김

경문사

BRIDGES TO INFINITY
By Michael Guillen

인간적인, 너무나 인간적인 수학

지은이 마이클 길렌
옮긴이 박영훈
펴낸이 박문규
펴낸곳 경문사
펴낸날 1998년 10월 20일 1판 1쇄
펴낸날 2010년 9월 15일 1판 5쇄
등 록 1979년 11월 9일 제9-9호
주 소 121-818, 서울특별시 마포구 동교동 184-17
전 화 (02)332-2004 팩스 (02)336-5193
이메일 kms2004@kyungmoon.com

값 15,000원

ISBN 89-7282-381-3

■ 옮긴이의 글

영화 한 편을 보았습니다. '이보다 더 좋을 수는 없다' 라는 영화였습니다. 잭 니콜슨의 훌륭한 연기는, 겉으로 보기에는 평범한 로맨스 소설 작가이지만 정말로 대책 없는 강박증 환자의 대표적 인물인 멜빈 유달의 감정과 정신 세계로 나 자신을 빨려들게 만들더군요. 어쩌면 현대를 살아가는 우리들 모두는, 정도의 차이가 있지만 유달이 보여 주는 강박증의 일면을 갖고 있을지도 모른다는 생각이 들었습니다. 화면에 전개되는 유달의 비정상적인 행동에서 수학 때문에 빚어지는 우리 자신의 모습이 오버랩되는 느낌을 받았다면 지나친 비약일까요?

집에 들어가면 반드시 다섯 번씩 자물쇠를 확인하고, 길을 걸을 때는 보도 블록을 연결한 선을 밟지 않고, 지나가는 다른 사람과의 접촉을 피하기 위해 이리저리 뒤뚱거립니다. 이웃의 개가 시끄럽다고 결벽증을 말해 주는 하얀 장갑 낀 손으로 불쌍한 개를 쓰레기 통에 처박는가 하면, 자신에게 황홀한 유혹의 눈길을 보내며 "어쩜 그렇게 여자를 잘도 이해하세요?"라고 접근하는 출판사 여직원에게 "여자는 남자에게서 책임감을 뺀 존재야"라는 독설을 서슴없이 내뱉으며 무시해 버리는 못된 성격의 소유자입니다.

점심을 먹는 식당도 늘 같은 곳이어야 하고, 식당의 나이프나 포크 대신에 자신의 집에서 미리 챙겨 온 나이프나 포크를 사용해야 하며, 언제나 똑같은 자리에 앉아야만 된다는 고집을 부리다가 결국에는 마음 속으로 좋아하던 웨이트리스 캐롤에게조차 식당에서 쫓겨나는 신세가 됩니다.

마음의 문을 열지 못하는 유달은 사회와 차단되어 살고 있었던 것입니다. 마치 획일적으로 구분된 문과와 이과라는 우리 사회의 교육제도 덕분에 수학의 진정한 모습으로부터 고립된 우리들 자신을 보는 것 같았습니다. 언제부터인가 이 나라에 사는 우리는 수학 때문에 인간을 문과와 이과로 분류하기 시작하였습니다. 그 때부터 우리는 수학에 대한 강박증을 가지며 살게 되었습니다. 문과는 수학의 언어를 사용하는 이과를 혐오하고, 이과는 수학에 대하여 불안감을 보이는 문과를 경멸하기도 합니다. 이 얼마나 황당한 어불성설인지 모르겠습니다. 수학은 하나의 온전한 인간이 만든 아름답고도 깊은 세계임에도 불구하고, 우리는 애써 그 모습을 외면하고 말았습니다. 그저 단순한 하나의 기능이나 도구로만 여기다 보니 저마다 가슴 속에 강박증만 가져다 주는 이상한 수학을 안고 살았던 것입니다. 이 책에서 저자는, 수학이란 살아 있는 생물체로 인류 역사의 흐름 속에 자리잡고 있다는 사실을 우리에게 보여 주고 있습니다.

자신의 생활에 지쳐 있으면서도 열린 마음으로 유달의 비위를 맞춰 주며 상처받기 싫어하는 꽁꽁 닫힌 그의 마음을 조금씩

열게 하였던 캐롤의 아름다운 인간애를 이 책을 옮기면서 모든 사람들에게 —그 속에 빠져서 헤어나오지 못하는, 나무만 보고 숲을 보지 못하는 수학 전공자이건, 또는 아예 수학과는 벽을 쌓고 사는 전형적인 우리 나라의 인문계 전공자이건— 마음의 문을 열어 주는 캐롤과 같은 존재가 되기 바란다면 너무 지나친 욕심일까요? 아무쪼록 이 책의 제목 '무한으로 향하는 다리(Bridges to Infinity)'가 시사하듯, 이 책이 독자들에게 수학의 진정한 모습으로 다가가는 다리가 되기를 바랍니다.

영화에 나타났던 캐롤의 인간애는 이 책을 옮기는 과정에서도 충분히 느낄 수 있었습니다. 서투른 나의 우리말 구사를 인내심을 갖고 일일이 지적해 주었던 이미라 선배, 부족한 영어와 교양에서 비롯된 오역을 멋진 문장으로 변신하도록 도움을 주었던 김규완 후배, 말없이 궂은 일을 도맡으며 작업을 같이 해주었던 김윤희, 이 책이 나오기까지 이들의 도움은 캐롤의 인간애에 못지 않았다는 것을 충분히 느낄 수 있었습니다. 그렇지만 아직도 활자로 되기에는 부끄러운 부분이 곳곳에 있음을 고백할 수밖에 없고, 이는 모두 옮긴이의 능력 부족에서 비롯된 것임을 밝혀야 되겠습니다.

끝으로, 어려운 환경에서도 이 책을 출간하겠다는 결단을 내리신 경문사 박문규 사장님께 고마움을 전하고 싶습니다.

1998. 7 일산에서 박영훈.

이 책을 집필하며 신세진 많은 친구와 동료들 중에서도 제인 리버모어, 라즈 왈빈, 이안 존스톤, 리처드 리보프, 워렌 코티스, 노마 보울스, 로빈 라파엘린, 린다 그리어 프렌치, 메리 내들러, 조이스 부른에게 특별한 감사를 드리고 싶다.

적절한 시기에 비평과 찬사를 아끼지 않은 나의 저작권 대리자 셀리 구버너와 편집장 제니스 겔러거에게 특히 고마움을 표시한다.

다정한 사랑의 보살핌과 도움이 되는 비평, 그리고 원고 제작에 보내준 인간애 넘치는 고생을 하였던 로렐 루카스가 아니었다면 이보다 훌륭한 책이 나올 수 없었음을 생각하며 특별한 고마움을 표시하고 싶다.

차 례

수학 불안증

인간에게는 육체와 정신 이외에 상상력이라는 것이 있다. 불완전한 육체와 신뢰할 수 없는 정신에도 불구하고, 인간이 놀랄 만한 존재가 된 것은 상상력 때문이다. 바로 이 상상력 덕택에, 단 몇 세기 만에 지상의 삶에 충만한 즐거운 에너지를 마음껏 불어넣을 수 있었다.

존 메이스필드(John Masefield)
셰익스피어와 영적인 삶(Shakespeare and Spiritual Life)

나에게 이 책을 쓰게 된 가장 큰 이유를 대라면, 18세기의 어느 날에 일어났다고 알려진 사건 때문이라고 말할 수 있다. 그 날, 독일의 위대한 수학자 오일러(Leonhard Euler)는 프랑스의 학자이며 무신론자인 디드로(Denis Diderot)에게 신의 존재에 대한 수학적 증명이라는 것을 그럴듯하게 들이대고 있었다. 아마도 오일러는 당시 러시아 황제의 궁전을 방문하고 있던 디드로로부터 초청을 받았던 것 같다. 이야기는 이렇게 이어진다. 오일러는 도착 즉시 디드로에게 성큼성큼 다가가서 다음과 같이 선언하였다. "선생님, $\frac{(a+b^n)}{n} = X$입니다, 그러므로, 신은 존재합니다. 자 말씀해 보십시오!" 이 프랑스 학자는 그 이전에 신의 존재에 대하여 웅변조로 강렬하게 반박하였었지만, 이번에는 수학식의 의미를 해석하지 못해 어리둥절하면서 어안이 벙벙할 수밖에 없었다.

이 이야기에 담긴 뜻은, 우리 사회에서 수학자들과 수학자가 아닌 사람들 사이에 이루어지는 교감을 적나라하게 보여 주는 사례라는 점이다. 즉, 이들 사이에는 실제로 어떤 교감도 이루어지지 않는다는 사실이다. 내가 뜻하는 바는, 어째서 그렇게도 많은 사람이 수학을 잘못 이해하느냐에 대하여 어느 누구를 꼭 집어서 비난하려는 것이 아니다. 다만, 수학이 잘못 이해되었다는 사실을 깨우치려 할 뿐이다. 오일러의 주장에 직면하여 디드로가 보인 묵묵부답의 멍청한 태도는, 사실상 디드로와 같은 지성인들을 포함하여 대부분의 사람들이 보이는 반응이다. 그것은 오늘날 수학 불안증으로 알려진 오래 된 전염병의 가장 뚜렷한 증상이었다.

수학 불안증이야말로 수학 때문에 수억의 인구가 시달려 온 병적인 공포감과 굴욕감이다. 역사를 살펴보더라도 대부분의 사람들도 같은 반응을 보였다. 그런데 고통 그 자체는 변하지 않았지만, 그 고통의 희생자들에게는 변화가 있었다. 그리고 그 변화는 너무나도 극적인 변화였다.

디드로가 수학 불안증의 희생자가 되었다는 뜻은, 신에 관한 문제까지 포함하여 인간사의 여러 분야에 널리 관련되어 있는 다양하고 독특한 수학적 방식을 두루 고찰할 수 있는 능력을 박탈당하는 것을 말한다. 이 책에서는 이들과 관련된 수많은 사례들을 다룰 것이다.

현대인이 수학 불안증으로 고통받는다는 사실은 디드로의 고통과 비슷한 것 같지만, 사실은 그 이상의 또다른 의미가 있다. 현대의 복잡한 기술 사회에 대하여 깊이 이해할 수 없다는 뜻이다. 이를 이해할 수 없는 사람은 결국 이 세계의 참여자가 아니라 방관자로 전락할 뿐이다.

물질 세계와 형이상학적 세계를 설명하는데 수(數)가 어떤 몫을 하고 있는지 그 가치를 떠벌리는 것도 어렵지만, 그러한 설명을 완전히 이해할 수 없는 수학 불안증에 걸린 사람의 능력 부족에 대하여 침묵하는 것도 쉽지 않다. 한때, 갈릴레오가 '자연에 관한 책'은 수학적 언어로 씌어 있다고 말하면서 자연과학에서 수의 중요성을 피력한 바 있었다. 대부분의 종교가 엄청난 신비적 의미를 수에 부여하듯 유대교의 카발라(Cabala, 유대교의 성서를 신비주의 관점에서 해석한 것 —옮긴이)라는 신비주의도 그 중 한 예이다.

노망과 마찬가지로 수학 불안증도 하나의 질병이 아닌 합병증으로, 수학에 대한 몇몇 오해에서 비롯되었다. 오일러와 디드로의 대면에서 알 수 있듯이, 이들 중 가장 중요한 것을 이 책을 읽는 사람이면 누구나 쉽게 인식할 수 있을 것이라고 필자는 기대한다.

그 무엇보다도, 수학 불안증은 수학 전체가 갖고 있는 한계성을 인식하지 못한 데서 비롯된다. 오일러의 깜짝쇼에 대해 디드로가 멍청할 수밖에 없었던 부분적인 이유는, 자신이 신에 대하여 잘 알고 있지 못하듯 당시의 수학자들도 아직 무한이라는 용어에는 접근조차 못했었다는 사실을 알아차리지 못했기 때문이다. "무한의 저편에서"(4장)에서 설명하듯, 1800년대 말이 되어서야 비로소 독일인 칸토어(Georg Cantor)가 무한의 특성과 무한을 넘어 존재하는 것에 대하여 설명할 수 있는 수학적 장치를 고안하였다.

이는 상당히 인상적인 성과물처럼 들리는데, 사실상 그러했다. 이 책의 첫번째 글인 "확실성이라는 보물을 찾아서"(1장)에서 밝히고 있듯이, 이 성과물은 수학자들이 자신의 학문에 내재된 결함을 자각하게 하는 여러 사건들을 연결하는 고리 중의 첫번째였다. 그 전까지 수학자들은 논리적으로 진리를 설파하는 데 있어 수학의 완벽함과 무한한 능력에 대한 믿음을 갖고 있었다. 그 결함을 발견했다는 사실은 결국 수학도 오류를 범할 수 있다는 사실뿐만 아니라 그 한계를 극복하고자 분투하는 현대 수학자들의 끈질김과 낙천주의를 표출시켰는데, 이는 궁극적으로 수학의 인간적인 면모를 보여 주는 계기가 되었다.

이 결함들이 등장함에 따라 수학의 역사는 몇 개의 시대로 나누어졌는데, 나는 이 책에서 '공상' '타협' '낙관' 편으로 구분하였다. 이들은 각각 그 결함이 발견된 18세기 중엽, 그 이후부터 19세기 초까지, 그리고 그 이후의 시대와 일치하고 있다. 이러한 시대적 구분에서 이 책의 '공상' 편(1-9장)은 수학이 완전무결하다고 믿던 시대에 추구했던 주제들을 다루고 있다. '타협' 편(10-11장)은 자신들이 다루었던 주제에 대하여 갖고 있던 수학자들의 생각을 변화시킨 두 가지 주요 사건을 다루는 두 편의 글을 담고 있다. '낙관' 편(12-17장)은 대부분 금세기에 다루어진 주제에 대한 글을 담았는데, 이 때는 이미 수학자들도 자신들의 학문에 오류가 있을 수 있음을 잘 알고 있으며 대부분 이를 이용하고 있었다. 필자는 독자 자신들이 각각의 단원에 나타난 수학자들의 독특한 정신세계를 추적하는 데 동참해 주기를 바란다.

수학 전체에 내포된 한계를 인식하지 못하는 것과 관련된 문제로 수학이 무엇인가에 대한 오해가 있는데, 이것도 사람들이 갖고 있는 수학 불안증의 하나의 원인이다. 디드로가 수학은 과학이 아니라는 사실(즉, 어떤 실체의 존재성을 수학으로 증명하거나 반증할 수 없다)을 이해하고 있었더라면, 오일러와의 대면을 좀더 쉽게 넘어갈 수 있었을 것이다. 사실상 수학자는 자신의 발명이 논리적이어야 한다는 것에 궁극적인 관심을 보이는데, 이는 결코 현실과는 관계 없는 문제이다.

그렇지만 그렇다고 해서 수학적 발명이 현실 세계와 짝을 이룰 수 없다는 말은 아니다. 대부분의 경우에, 아니 어쩌면 모든 경우에 짝을 이룰 수도 있다. 실제로 수학적 아이디어와 자연세계가 일치하는 사례를 광범위하고도 쉽게 확인할 수 있기 때문에, 이에 대한 설명이 필요하다. 명심할 것은 그러한 일치는 수학자들이 현실에 부합하려는 의도를 갖고 있기 때문에 나온 결과가 아니라는 사실이다. 이와는 반대로 종종 그들이 너무나도 추상적인 사고를 하기 때문에, 처음에는 현실 세계와 어떤 관련도 없는 것처럼 보인다. 그러나 결국에는 현실 세계를 성공적으로 묘사하게 되는데, 이는 "창조하는 현실"(6장)이라는 글에서 어느 정도 상세하게 논의될 것이다.

이와 같이 수학 세계와 현실 세계가 서로 잘 짝지워져 있다는 사실을 설명하려는 대부분의 관찰자들은, 갈릴레오를 포함하여 자연 세계의 기초는 수학적이라는 가정을 하고 있다. 이와 같은 가정에서 볼 때, 수학자는 자연의 언어를 구사하기 때문에 자신들의 설명이 의도한 것은 아니라 하더라도 현실 세계와 관련지어질 것으로 예상하는 것은 매우 자연스러운 현상이다.

이러한 관련성에 대한 나 자신의 설명은 인간의 상상력이 문자 그대로 육감(六感)이라는 가정을 근거로 한다. 이 설명에 따르면, 수학적 아이디어는 창조된 것이 아니고 관찰에 의한 것이기 때문에 종종 현실 세계를 반영한 것으로 판명된다. 우리가 현실 세계를 오감(五感)으로 감지하는 것과 같은 방식으로 현실 세계를 감지할 때 상상력을 발휘한다고 믿기 때문이다. 현실 세계와 육감 사이의 일치는 현실 세계와 시각, 청각, 미각, 촉각, 후각의 감각기관 사이에 존재하는 일치성과 같은 종류이다.

오감으로 자연을 관찰하는 자연과학자와는 달리, 수학자들은 거의 상상력이라는 감각에만 의존하여 자연을 관찰한다. 즉, 음악가는 소리에, 미식가는 미각과 후각에, 사진작가와 영상제작가는 시각에 있어 그러하듯, 수학자는 육감에 대한 전문가로 이를 실행한다. 이러한 비교는 음악가, 미식가, 사진작가 그리고 영상제작가들이 각각의 감각 영역에서 그러하듯 수학자들도 상상력의 예술가라는 사실을 암시한다. 그들 자신만의 독특한 창조를 통해, 수학자들은 어떤 사물이 존재하거나 존재하지 않는다는 것을 실제로 증명하려는 의도를 갖지 않으며 또 그러한 능력도 없지만, 현실 세계에 대하여 어떤 정보를 우리에게 알려 준다.

마치 암호문처럼 들리는 오일러의 주장에 대하여 디드로가 보인 반응에서 알 수 있는 수학에 대한 잘못된 마지막 편견은, 실제로 수학자가 아닌 일반 사람들 뿐만 아니라 수학자들 사이에서도 보편화된 것이다. 이 편견은 수학이 오직 기호를 사용해야만 쓸모 있게 표현될 수 있다는 잘못된 것이다. 이 편견 때문에 많은 수학자들이 수학적 사실을 일상 언어로 설명하고자 하는 시도를 쓸모 없는 것으로 여긴다. 결국 이는 수학을 전공하지 않는 사람들이 수학을 이해할 수 있다는 기대를 상실하고 마는 결과를 가져온다. 그래서 자연스럽게 대부분의 사람들이 수학에 대해서는 어떤 것도 이해할 수 없을 것으로 생각하게 되었다.

수학자들이 태도를 바꾸기만 한다면 지금까지 설명한 수학 불안증에 대한 모든 측면 중에서 이것만은 쉽게 제거할 수 있다. 그러나 불행하게도 많은 사람들이 20세기 영국의 수학자 하디(G.H. Hardy)와 같은 믿음을 갖고 있다. 하디는 자신의 회고록, 〈수학자의 변명〉(A Mathematician's Apology)에서 수학을 설명하려는 글은 정신활동에서도 이류에 지나지 않는다고 주장했다. 수학을 하는 사람들은 수학을 다른 사람들에게 설명하려는 사람들을 경멸한다고 기술하고 있다. 암암리에 그는, 이러한 노력은 어리석은 것으로 결국에는 시간만 낭비한다고 여기고 있다.

나 자신이 다른 동료들과 함께 이류로 취급당하는 위험을 무릅쓰면서 이 책을 쓰고 있다. 저명한 수학자 리만(Bernhard Riemann)이 그러했듯이, 나 자신도 수학의 개념적 내용을 일반 청중에게 전달하는 것이 가능하다고 믿기 때문이다. 현재도 독일에서 유명한 대학인 괴팅겐 대학의 교수직을 제안받자, 리만은 매우 전문적인 주제인 기하학의 기초에 대한 강연을 단 하나의 수식도 사용하지 않고 이끌었었다. 그 대학의 모든 교수가 참석한 가운데 진행된 이 강연은 대성공이었다.

내가 수식에 의존하지 않고 일상적인 언어로만 이 책을 쓰는 동안 리만의 본보기는 항상 내 마음 속에 자리잡고 있었다. 이는 결코 생색내듯이 이 책을 집필했다는 뜻이 아니다. 결코 그렇지는 않았다. 조심스럽지만, 어쩌면 리만과 디드로가 나의 노력을 인정하지 않을까 하는 마음으로 이 책을 집필했다.

이 책이 수학 불안증을 극복하는 수단이 되는 것에 그치지 않고 나 자신이 어린 시절부터 수학에 대하여 느꼈던 짜릿한 맛을 독자 여러분에게도 불러일으키기를 희망한다. 독자 여러분이 이 책을 읽으면서, 수학자의 상상력은 산수나 기하 문제 풀 때만이 아니라 일상 생활의 문제 풀이에도 큰 힘을 발휘할 수 있음에 동의할 수도 있을 것이다. 만일 그렇다면, 나는 수학에 대한 또 다른 잘못된 편견에 도전하는 데 성공한 셈이다.

그 편견이란, 수학은 마치 방부제로 처리된 이성적 행위로, 인간만의 독특한 비이성적인 행동이나 믿음과는 별 관련이 없거나 전혀 무관하다는 생각이다. 이는 헉슬리(Aldous Huxley)가 〈네덜란드의 풍경〉(Views of Holland)이라는 책에서 밝힌 다음과 같은 신념이었다. "우리가 지금까지 알고 있는 바에 따르면, 우리 자신이 창조한 것 이외에는 그 어떤 것도 단순하며 이성적인 것은 없다. 즉, 하느님은 유클리드나 리만이 생각했던 식으로 생각하지는 않는다.…" 이 책에 기록한 나의 글들, 예를 들어

"체커 게임과 체스 게임"(13장), "야생의 외침"(14장), "대칭도 추상이다"(7장)에서 밝히고 있듯이, 우리가 수학을 이해하게 된다면 여러 학문들을 통해서 인간의 특성과 존재성을 이해하려고 할 때에 엄청난 도움을 받을 수가 있다.

헉슬리를 비롯하여 그의 주장에 동조하는 이들은, 수학자들이 복잡한 삶과는 정반대 되는 아이디어들만 창조하는 것이 아닐 수 있다는 점을 지나치고 있다. 실제로 수학자들은 매우 날카로운 감각 ―다른 오감으로 감지할 수 없는― 으로 삶을 지켜볼지도 모른다. 이는 어쩌면 그 자신이 할 수 있었음에도 불구하고, 그렇게도 명석했고 통찰력 있던 디드로가 전혀 사용하지 못했던 감각이었다. 그런데 우리가 갖고 있는 이 상상력은 충분히 기를 수 있는 감각이다. 이를 위해 결코 어떤 특별한 지능이 필요한 것은 아니다. 단지 수학과 수학자의 방식을 배우려는 욕구만 있으면 가능한 일이다.

1. 확실성이라는 보물을 찾아서

- 논리 그리고 증명 -

증명은 수학자들이 자신들을 학대하면서 숭배하는 우상이다.

아서 에딩턴 경(Sir Arthur Eddington)

의심스러운 것보다 확실한 것을 추구하지 않는 사람도 드물지만, 확실성을 인식할 수 있는 사람은 더욱더 흔치 않다. 확실성이라는 것은 마치 땅 속에 묻힌 보물과 같아, 이를 찾고자 갈망하는 우리에게는 확실성에 이르도록 안내하는 지도가 반드시 필요하다. 수학자들은 기원전 300년경에 아리스토텔레스의 논리학이 제시하는 원리에서 그와 같은 지도를 발견했다고 믿었었다. 그리고 이 원리들을 따라가며 기하학(도형에 대한 연구)의 정리를 증명하였던 유클리드의 방법이 그 후 2000년 동안 확실성을 추구하는 모델로서 떠받들어지게 된다. 그렇지만, 19세기가 저물어갈 무렵, 같은 원리를 적용하여 수론(수에 대한 연구)의 정리를 증명하고자 시도했던 수학자들 앞에 들이닥친 것은 확실성이라는 보물이 아니라 패러독스라는 보물이었다. 아리스토텔레스의 논리학에는 결함이 있었던 것이다.

뜻밖의 새로운 이 사실 때문에 수학자들은 여러 학파로 갈라졌는데, 이들은 각기 절대적으로 확실한 증명으로 모든 수학자들을 다시 한 번 확실성으로 안내할 수 있는 하나의 지도를 갖고 있다고 주장하고 있었다. 그 후에도 분열은 계속되었지만 1931년 또 다른 새로운 사실이 밝혀지면서 모두 무용지물이 되고 말았는데, 이는 수학에 있어 완벽한 확실성에 도달하는 일이 전혀 불가능하다는 선언이었다.

최종적으로 확정된 이 선언으로 몇몇 수학자들은 크게 실망하였고, 어떤 수학자들은 이에 자극을 받아 주변에서 맴돌며 다른 방도를 찾아보는 시도를 하였지만 지금까지 결실을 거두지는 못했다. 이제 대부분의 수학자들도 보통 사람들이 그러하듯, 자신이 하는 작업에도 불확실성이 존재한다는 사실을 당연한 것으로 인정하게 되었다. 그렇지만 수학자들은, 한때 자신들의 것이라고 믿었던 확실성을 다시 한 번 확립할 수 있다고 희망을 품고 있었던 터라 이 사실을 마지못해 어쩔 수 없이 받아들일 수밖에 없었다.

수학에서의 확실성은, 기원전 300년경 아리스토텔레스의 〈오르가논〉(Organon, 라틴어로 '이성의 도구' 라는 뜻)과 유클리드의 〈원론〉(Elements)의 등장으로 그 절정에 달한다. 오르가논은 논리적으로 확실성에 도달하는 길을 터놓았으며, 원론은 그 자체가 확실성을 이룩한 보물이라는 것이 당시 널리 퍼져 있던 믿음이었다.

아리스토텔레스는 오르가논에서 그 때까지 잘못 정의되었던 연역적 추론 과정을 열네 개의 규칙(rule)과 몇 개의 규준(cannon)으로 축소 정리하여 이에 따라 가정으로부터 결론이 적절하게 추론되도록 하였다. 그 규준에는 동일률(law of identity, 모두 자기 자신과 같다), 모순율(law of contradiction, 어떤 것도 참이면서 동시에 거짓일 수는 없다), 배중률(law of excluded middle, 명제는 참 또는 거짓, 둘 중의 하나로 제삼의 경우는 있을 수 없다) 등이 포함된다. 규준은 우리 대부분이 상식적으로 참이라고 인정하는 것을 나타낸 것이라면, 규칙은 삼단논법에 대하여 아리스토텔레스가 신중하게 연구하여 얻은 결과물이다.

삼단논법은 다음과 같은 형식의 삼단계 과정을 밟는 연역적 추론이다.

모든 사람은 죽는다(고 하자)
소크라테스는 사람이다(고 하자)
(그러므로) 소크라테스가 죽는다.

처음의 두 명제는 가정이고, 세 번째 명제는 결론인데, 아리스토텔레스에 따르면 결론은 가정으로부터 "필연적으로 추론되는" 명제이다. 어쩌면 우리는 가정의 신빙성에 의문을 가질지도 모른다. 그렇지만, 연역적 추론의 규칙을 밟아 나가면 그 결론에 대해서는 결코 의심할 수 없다고 아리스토텔레스는 설명하고 있다. 예를 들어

'행복한 모든 사람은 상냥하다.'

그리고

'빌은 행복한 사람이다.'

라는 가정에 대하여 누군가가 이의를 제기할 수도 있지만, 이들 명제로부터 필연적으로 추론되는

'빌은 상냥하다.'

는 명제에 대해서는 논란의 여지가 전혀 없다.

바로 이것이 논리적 확실성의 의미이다. 아리스토텔레스의 추론 규칙들은 각각 기본적인 추론 형식을 갖추어 진술되어 있었기 때문에 확실성에 도달하는 안내자로서 널리 인정되었다. (후에, 중세 논리학자들은 처음 열네 개의 규칙에다 다섯 개의 새로운 규칙을 덧붙였다.)

자신의 걸작품인 〈원론〉에서 유클리드는, 연역적 추론의 원칙을 그대로 지키며 단 열 개의 가정으로부터 수백 개에 이르는 기하학의 정리들을 추론해 냈다. 사용된 가정에는 상식적으로 통용되는 명제(자기 자신과 같은 것은 서로 같다)들과 수학에서 사용하는 점, 선, 면에 대한 그럴듯한 주장(임의의 점에서 다른 한 점까지 하나의 직선을 그을 수 있다)들이 함께 뒤섞여 있었다. 수학자들은 유클리드가 제시한 가정들에 이의를 제기할 수도 있었는데, 사실상 그랬었다. 그렇지만 아리스토텔레스가 보여 주었듯이, 결론에 대해서는 이론의 여지가 없었다. 유클리드가 제시한 명제들은 모두 '만일 …이라면 …이다'의 형식을 갖춘 것으로 논리적 규칙에 따라 추론된 주장들이었다. 아리스토텔레스의 규칙이 절대적으로 확실하다고 믿는 사람이라면, 가정에 대하여 어떤 생각을 하더라도 유클리드의 정리들이 논리적으로

확실한 모델이라고 믿지 않을 수 없었다.

〈오르가논〉과 〈원론〉의 등장 이후 2000년 이상의 긴 세월이 흐르는 동안, 수학자를 비롯한 다양한 여러 분야의 문제들을 연구하던 철학자, 과학자 등의 지식인들은 아리스토텔레스의 논리와 연역적 추론에서 진리에 도달하는 길을 찾을 수 있다고 확신하였다. 13세기에 이탈리아의 스콜라 철학자 토마스 아퀴나스는 하느님의 존재를 포함한 신앙 문제의 확실성을 입증하기 위하여 아리스토텔레스의 추론을 이용하였다. 이른바 토미즘(Thomism)으로 불리는 아리스토텔레스주의와 기독교의 이러한 합성은 매우 커다란 영향력을 발휘하였는데, 1879년 교황 레오 13세는 토미즘이 로마 카톨릭 교회의 공식 철학이라는 회칙을 공표할 정도였다.

그러므로 1800년대 말, 유클리드가 기하학에서 이룩했던 업적을 수론에서도 확립하려는 작업에 수학자들이 집단적으로 착수하기로 한 것은 연역적 추론이 완전무결하다는 믿음에 대한 또 하나의 열정을 보여주는 선언이었다. 수세기 동안 축적되어 뒤범벅이 된 수론에서의 결과물을 논리적인 형식을 갖추게끔 재편성하고자 하는 것이 그 근저에 깔려 있는 일반적인 의도였다. 사실 그 때까지 수론에서의 결과물은 상식적으로 당연히 참인 것처럼 보였기 때문에, 수학자들은 이들을 증명 없이 그대로 인정하였다. 예를 들면, 모든 수는 0이거나, 양수 또는 음수 중의 하나라는 삼분법에 대하여 의문을 제기할 만큼 그 누구도 심각하게 생각해 본 적이 없었다. 그 법칙은 마치 시간의 흐름 속에서 어느 한 순간이 현재이거나 과거, 아니면 미래 중 어느 하나에 속한다고 진술하는 것처럼 논쟁의 여지가 없는 것이므로, 감히 이를 거짓으로 생각할 수 있는 사람은 아무도 없었다.

사실 따지고 보면 이는 거짓인 명제가 아니다. 그러나 약 100년 전까지만 해도, 수론에 포함된 다른 여러 정리와 함께 이 법칙의 증명에 대해서 수학자들은 엄두도 낼 수 없었다. 이제 비로소 오랫동안 버텨 왔던 난공불락의 요새는, 수론에서 논리적 확실성을 추구하려는 열정 때문에 점차 흔들리게 되었었다. 이들 수학자들은 유클리드가 밟아갔던 것과 같은 안내 지도를 따라간다면, 짧으면서도 다소 기계적인 탐색 작업만이 자신들 앞에 있을 것으로 기대했었다. 그렇지만 이는 실제로 존재하지도 않는 보물을 찾아나서게 되는 헛된 탐험의 서막에 불과하였다.

대표적인 몇몇 수학자들이 이 탐색을 주도하였는데, 최초로 탐색 작업의 종결을 선언한 사람은 독일의 수학자 프레게(Gottlob Frege)였다. 그는 1893년에 시작하여 1902년에 작업을 마무리하였는데, 몇 개의 가정으로부터 수백 개에 달하는 수론의 정리를 추론하여, 그 결과를 〈수론에서의 기본 법칙〉(Grundgesetze der Arithmetik)이라는 제목의 기념비와도 같은 두 권의 책에 담아 세상에 내놓았다. 그가 사용한 가정들도 유클리드의 그것처럼 논쟁의 여지가 있을지도 모르지만, 어쨌든 그가 내린 결론은, 기술적으로 동일한 것은 아니지만, 아리스토텔레스의 연역적 추론과 모순되지 않는 추론 원칙을 따른 것이었다. 그러므로, 그 자신과 동료 학자들은 그의 '기본 법칙'이 '원론'에 못지않게 확실성을 보여 주는 전형적인 모델이라고 당연히 믿고 있었다.

1902년 프레게가 자신의 저술에 마무리 손질을 할 때까지 그들은 자신들의 믿음을 확신하고 있었다. 영국의 수학자이며 철학자인 러셀은 바로 그 해에 프레게의 책 제 2 권의 마지막 원고에서 논리의 결함인 패러독스를 발견했다고 공표하였다. 러셀의 설명에 따르면, 그 패러독스는 프레게가 신중하지 못해 이를 수정하기만 하면 정정할 수 있는 단순한 것이 아니라, 연역적 논리 자체에 내포된 결함에서 비롯된 것이다. 당시에는 그 결함이 얼마나 심각한 것이며 이를 제거하기 위해서는 무엇이 필요한지 그 누구도 짐작할 수 없었다. 그렇지만 프레게는 그 결함이 10년간에 걸친 자신의 노력을 송두리째 앗아버린다는 것을 충분히 심각하게 인식하고 있었다. 자신의 책 제 2 권의 후기에 프레게는 다음과 같이 다소 침통하게 적어 놓았다. "어떤 과학자도 자신의 작업을 마무리하는 시점에서 그 기초를 무너뜨려야 하는 것만큼 불쾌한 상황은 없을 것이다. 책을 막 출판하려는 이 시점에서 러셀 씨가 보낸 편지 때문에 나는 바로 그와 같은 상황에 놓이게 되었다."

러셀은, 프레게가 자신의 〈기본 법칙〉에서 수의 모임을 나타내려고 사용한, 특히 집합과 원소라는 겉보기에 별 문제가 없는 개념을 심판대에 올려놓았다. 아리스토텔레스의 논리에 따르면, 집합은 자동차나 새 또는 수와 같이 비슷한 성질에 의해 관련지어진 대상들의 모임이다. 역으로 집합은, 어느 마을의 이웃이 누구인지 식별할 수 있듯 그 원소들이 갖는 성질에 따라 정의된다. 어떤 대상이 특정 집합에 속하는 원소가 되려면, 다른 특성에 따라 비교할 때는 서로 다른 것이라 할지라도 그 집합의 구성원소들과는 같은 특성을 공유하여야 한다.

당시의 다른 수학자들은 이를 당연한 것으로 여겼지만, 러셀은 이를 마음 속으로 검증하고 있었다. 몇 년 후 〈내 철학의 변화〉(My Philosophical Development)라는 책에서 당시를 회상하며 다음과 같이 기록하였다. "내 생각으로는, 어떤 때에는 집합이 그 자체의 원소일 수도 있지만 그렇지 않은 경우도 있다. 예를 들어, 찻수저들의 집합은 또 다른 하나의 찻수저가 아니지만, 찻수저가 아닌 것들의 집합은 다시 찻수저가 아닌 것들 중의 하나이다."

우리가 생각하는 대부분의 집합은 찻수저와 같은 종류이다. 신발의 집합, 주택의 집합, 연필의 집합, 이 집합들은 모두 자기 자신의 원소가 아니다. 그러나 스스로 자기 자신의 원소가 되는 집합의 예도 상당히 많이 있다. 예를 들어, 지금 독자가 읽고 있는 이 면에 인쇄된 것들 모두의 집합은 그것 자체가 이 면에 인쇄되어 있으며, 모든 생각들의 집합은 그 자체가 다시 하나의 생각이다. 각각의 경우, 집합 그 자체가 원소가 될 수 있는데, 집합 자체가 하나의 원소로서 갖는 성질을 공유하고 있기 때문이다.

러셀의 회상을 계속 따라가 보자. 그는, '스스로가 자기 자신의 원소가 될 수 없는 집합들' 모두를 포함하는 상상할 수 없을 정도로 커다란 집합을 신중하게 고려하였다고 회상한다. 자, 이제 이 집합을 자기 자신의 원소가 아니라는(nonself) 뜻에서 NS로 나타내자. 집합 NS는 자주 나오는 모든 집합(찻수저의 집합, 신발의 집합 등등)을 포함하고 있다. 그러고 나서 "과연 이 집합[NS]이 자기 자신의 원소가 되는지 또는 될 수 없는지 나 스스로에게 물어보았다."라고 그는 기록하였다.

러셀은 이 질문에 대한 답을 구하는 과정에서 패러독스를 발견한다. 만일 NS가 NS의 원소라면 NS는 자기 자신의 원소임을 가정하는 것이라고 추론하였다. 그렇지만, NS에 대한 원래의 정의에 따라서, 이러한 가정은 NS를 구성하는 원소의 조건을 위배하는 것이다.(NS는 자기 자신의 원소가 될 수 없는 집합들을 포함하는 집합이라는 정의를 다시 한 번 되새겨 보라.) 한편, NS가 집합 NS의 원소가 아니라면, NS는 자기 자신의 원소가 아니라는 가정을 하는 것이다. 그러나 NS에 대한 원래의 정의에서 이 가정은 NS가 다시 NS의 원소가 될 수밖에 없음을 뜻한다. "따라서 어떻게 시작하든 간에 양자택일은 〔논리적〕으로 정반대의 길로 추론되는데, 이로써 지금까지 즐겨 왔던 논리와의 밀월 관계는 막을 내리게 되었다."고 러셀은 기록하고 있다.

러셀의 패러독스는, 논리적 규칙을 따라가다 보면 모순되는 결론에 이른다는 사실을 말해 주고 있다. 그러자 불쾌한 패러독스를 제거하기 위해 아리스토텔레스의 논리학을 다시 수정하거나 완벽한 수학적 확실성을 추구하기 위해 전혀 새로운 방법으로 대치하여야 한다는 결론이 즉각 제기되었다. 금세기 초 30년 동안, 이를 어떻게 해결하느냐에 대하여 수학자들의 의견은(예상하지 못한 발견으로 이 모든 견해차가 미해결의 상태로 될 수 있다는 사실을 인식하지 못한 채) 서로 엇갈린다. 지난 30년 동안 등장한 많은 학파들 중에 두 개의 학파는 약간의 수정을 거쳐 아리스토텔레스의 논리를 부흥하려는 특별한 의도가 있었다. 그 두 학파는 논리학파(Logicist)와 형식학파(Formalist)인데, 당시의 수학자들은 이들에게 매혹되었었다.

러셀 자신이 주도한 논리학파는 집합을 구성하는 원소에 대한 규칙을 수정하여 러셀의 패러독스를 제거하려 하였다. 특히, 이들은 집합이 자기 자신의 원소가 될 수 있는 가능성을 선험적으로 봉쇄하려 하였다. 이를 달성하기 위해 이들은, 아리스토텔레스의 논리 원칙에 소위 "순환논법(vicious circle principle)"을 보충하자고 제안하였는데, 즉 "모든 집합을 포함하는 그 어떤 것도 집합일 수는 없다"는 제안이다. 이 원리를 적용하면 러셀이 가설한 집합 NS가 자기 자신의 원소인가 아닌가의 문제는 그 스스로 해결되며, 따라서 러셀의 패러독스가 갖고 있는 순환논법을 회피할 수 있다.

형식주의자들은 논리학파와는 대조적으로, 패러독스 때문에 야기된 결함이 발견된 이유가 논리 그 자체에 있는 것이 아니라 논리를 나타내기 위해 사용되는 언어에 담겨 있는 의미 때문이라고 믿었다. 특히, 러셀의 패러독스를 비롯하여 다른 여러 패러독스의 뿌리를 추적하던 그들은 "모든"이라는 낱말의 모호한 의미에 주목하였다. "모든 법칙은 예외가 있다"와 같은 명제들은, 우리가 "모든"이라는 단어에 진술하는 명제까지 포함하여 이를 하나의 부분으로 포함하는가 또는 아예 배제하는가에 따라, 그 명제가 받아들일 수 있는 명제가 되거나 또는 모순되는 명제가 된다. 형식주의자들은 이와 같은 불확실성이 논리적이라기보다는 의미론적인 것이라고 주장하는데, 이 때 표백제를 사용하듯 의미라는 색채를 제거하여 논리만 남게 한다면 불확실성은 사라지게 할 수 있으리라는 주장이었다. 그리하여 그들은, 실제로는 아무런 뜻도 없는 기호이지만 언어가 아닌 기호들, 즉 엄격하게 정의된 기호로 수학에서의 논리적 주장들을 다시 표현하는 작업에 착수하였다.

이상 열거한 각 학파들과 나머지 다른 학파들은 확실성이라는 보물로 다시 한 번 수학자들을 안내할 수 있다고 약속했다. 1931년까지 각기 희망을 품은 이들 학파는 자신들이 선택한 길을 추구했었다. 그렇지만 그 해에, 독일인 논리학자 괴델(Kurt Gödel)이, 전통적인 논리에 기초한 어떤 방법으로도 수학에서 완벽한 확실성은 결코 이룰 수 없다고 발표하자 모든 수학자들은 숨을 죽이고 제 자리에서 멈춰 설 수밖에 없었다. 그 증명은, 논리 그 자체의 결함을 밝히기 위해 괴델 자신이 교묘한 방법으로 논리를 사용하였다는 점에서 아이러니컬한 증명이었다.

그가 발견한 요지는 다음과 같다. 연역적 추론은 자기 무모순성의 원리에 따르는데, 이 원리에 근거를 둔 어떠한 전형적인 증명도, 있을 수 있는 수학의 모든 정리들의 참 또는 거짓을 확립하는 데에 부적절하다는 것이다. 이는 아리스토텔레스의 논리가 러셀의 패러독스(집합 NS가 자기 자신의 원소인가?)에서 나타난 의문을 해결하는 데에 부적절한 것과 같은 이치이다. 요약하면, 논리적으로 확실하게 해결할 수 없는 문제가 수학에는 항상 존재한다는 것이다. 게다가, 괴델은 부적절한 증명의 전형을 보완하려는 어떠한 시도도 결국에는 같은 방법으로 부적절하다고 판명된다는 점을 밝혔다. 이는 논리학파와 형식학파의 계획이 결국에는 실패할 수밖에 없다는 것을 의미한다.

괴델이 이룩한 성과에 자극을 받아 비아리스토텔레스 논리체계가 만들어졌는데, 그 안에서 어떤 명제는 참과 거짓 이외의 다른 것도 될 수가 있다. 그 중 가장 단순한 것이 소위 삼가(三價) 논리체계로, 이 안에서는 어떤 명제가 참이거나 거짓뿐만 아니라, 그저 가능한 것일 수도 있다. 그와 같은 체계는 아리스토텔레스의 배중률(즉, 임의의 명제는 참이거나 거짓뿐이며, 다른 세 번째의 가능성은 없다)을 무시하였고, 하나의 정리가 논리적으로 불확실할 수도 있는 경우도 함께 다루기 때문에 괴델의 발견과 모순되지 않는다.

이 때문에, 그리고 비아리스토텔레스의 논리 체계가 수학적으로 흥미 있는 주제이기 때문에 오늘날 이들을 계발하고 연구하는 데에 많은 시간을 보내는 수학자들이 있다. 물론 괴델의 불확실성에서 벗어나려고 하기보다는 수학을 그에 적응시키려는 노력을 보이는 경향을 띤 다른 수학자들도 있다. 이는 러셀의 패러독스가 자아낸 갈등의 와중에서 수학에서의 확실성을 되찾으려는 초기의 투쟁과는 뚜렷하게 다른 면모이다.

괴델의 혁명적 발견이 낳은 여파는, 대부분의 수학자들이 더 이상 수학을 확실성의 요새로 생각하는 것을 단념하게 되었다는 사실이다. 이들 중 한 사람이 작고한 헝가리의 수학-논리학자 라카토스(Imre Lakatos)인데, 1963년 괴델의 불확실성을 포용하는 수학철학을 창시하였다. 자신의 스승 칼 포퍼가 과학에 대하여 기술하였던 것처럼, 라카토스는 수학도 가설적 상태에 놓여 있기 때문에, 새로운 발견에 의해 얼마든지 과감하게 바뀌어질 수 있는 학문이라고 묘사하였다. 라카토스는 다음과 같이 기술하였다. "수학은 의심의 여지가 없는 여러 개의 정리를 차곡차곡 쌓아놓듯이 발전하는 것이 아니라, 사고와 비평에 따라 끊임없이 새로운 추측으로 대치되면서 발전한다."

1981년, 수학-역사학자 클라인(Morris Kline)은 자신의 책, 〈수학: 확실성의 상실〉(Mathematics: The Loss of Certainty)에서 같은 사실을 지적하였는데, 여기서 그는 수학자를 "한 뼘의 토지를 개간하면서 그 토지를 둘러싸고 있는 숲 속에서 으르렁거리는 맹수를 항상 경계하고 있는" 개척농에 비유하였다. 자신의 안전을 확신하기 위해, 개척농은 점점 더 넓은 지역을 개간한다. 하지만, 결코 자신이 절대적으로 안전하다고 느낄 수는 없다. "맹수는 항상 그 곳에 있다. 그래서 어느 날 갑자기 쳐들어와 농토를 파괴할지도 모른다." 마찬가지로 수학자들도 수학적 무지라는 황무지를 개간하기 위하여 논리를 사용한다. 그렇지만 이들은 언제 어디서, 아무런 의심도 없이 완벽하게 안심할 수 있다는 자신의 희망을 송두리째 앗아가버릴지도 모를 맹수와도 같은 논리적 결함을 만날 수 있을지 모른다고 불안해 하고 있다고 클라인은 기술하였다.

그렇지만 오늘날 수학계가 괴델의 불확실성에 완전히 적응한 것 같지는 않다. 그 이유는 불확실성과 함께 공존하기를 꺼리는 수학자들이 금세기에 진행되었던 큰 소동들이 마치 언제 일어났냐는 듯이 하루하루 자신들의 작업을 묵묵히 수행하기 때문일 수도 있고, 혹은 클라인이 지적했듯이, "자신들이 하는 수학적 활동에 … 심각하게 우려할 만한 일이 있다는 것을 결코 믿을 수 없기(사실상 수학자 개개인들은 괴델의 불확실성이 이웃 동료에게만 영향을 미치고 자신과는 아무런 상관이 없는 것처럼 행동한다)" 때문일지도 모른다.

어떤 이유에서건, 오늘날의 수학자들은 "마치 불확실성이란 없는 것처럼 집필과 출판을 하고 있다"고 클라인은 적고 있다. 실제로, 원칙에서 벗어남에도 불구하고 그들은 괴델 이전의 확신을 그대로 고수하고 있다. 그 확신이라는 것은, 독일의 형식학파 힐베르트(David Hibert)가 기술하듯, "모든 수학 문제는 필연적으로 어떤 형태로든지 정확한 결과물을 낳게 마련인데, 그 형식은 질문에 대한 정확한 답의 형식을 갖추거나 또는 그 답이 불가능함을 보이는 증명의 형식을 띠고 있다."는 것이다.

그 확신은 믿을 수 없다고 증명되었는데, 아직도 여기 집착하고 있는 것은 수학의 인간적인 면모이다. 그것은 일반 사람들에게 비친 수학자의 이미지와는 동떨어진 것이지만, 인간의 본성에는 매우 잘 어울리는 면모이다. 수학에는 확실성이 존재한다든가 또는 이를 얻을 수 있다는 것처럼 행동하는 점에서, 오늘날의 수학자들은 영구적으로 작동하는 기계를 고안해 낼 수 있다고 어떠한 역경 속에서도 굳게 믿고 있는 발명가와 결코 다르지 않다. 다른 사람들에게도 그러하듯 수학자에게 "이 확신은 … 강력한 동기이다."라고 힐베르트는 1900년에 기록하였다. "우리는 우리 자신의 내부로부터 끊임없는 외침을 듣고 있다. 여기 문제가 있다. 그 해답을 찾아라. 순수한 이성으로 자네는 찾을 수 있다. 왜냐하면, 수학에는 '우리가 모를 것이' 없기 때문이다."

1959년, 환멸을 느낀 러셀은 다음과 같이 슬퍼한다. "나는 사람들이 종교적 믿음을 원하듯 확실성을 갈구했었다. 다른 어느 곳에서보다 수학에서 그와 같은 확실성을 찾을 수 있을 것이라 생각했었다.… 그런데 20여 년의 험난한 고생 끝에 내린 결론은, 수학적 지식을 의심의 여지가 없는 명백한 것으로 만드는 과정에 내가 할 수 있는 일은 더 이상 없다는 것이다."

러셀과 같이 확실성이라는 보물을 찾기 위해 수십 년 간 자신의 삶을 바쳐 온 수많은 수학자들이 있으며 또 앞으로도 그러할 것이라는 것은 의심할 필요도 없다. 이러한 노력이 계속되는 한, 그들 중의 누군가가 그 보물을 발견하여 이전의 수학자들이 실패하였던 것, 즉 논란의 여지가 없는 증명의 전형을 후세에 전해 줄 가능성은 언제나 존재한다.

2. 소실점*을 추적하는 수학자

- 극한과 미적분 -

의지는 끝없이 펼칠 수 있으나
실천에는 한계가 있으며,
욕망의 끝은 요원하나
행동은 제약의 노예일 수밖에.

셰익스피어, 트로일러스와 크레시다(Troilus and Cressida)

스스로를 극복하고자 하는 천성에 얽매여 있는 우리 인간은 극히 다루기 힘든 종족이다. 어쩌면 이는 다윈의 글, "적자 생존이 진행될 때, 모든 물질적 환경과 정신적 환경은 완벽해질 것이다."에 나오는 보편적 경향의 구현인 것 같다. 아니 어쩌면 이는 프랑스의 철학자 로비네(J.B. Robinet)가 제안하듯, "타고난 운명에 따라 상상력을 발휘하고, 무엇인가를 창조하며, 완벽성을 추구할 수밖에 없는" 인간의 고유한 성향일지도 모른다. 어느 경우건, 확실한 사실은 우리가 추구하는 것 —원한다면, 이를 완벽이

* 소실점(vanishing point, 消失點): 선로와 같이 평행으로 된 두 선이 멀리서 마치 한 점에서 만난 것처럼 보이는 점. 이 소실점을 이용하면 그림에서 거리감과 공간감을 잘 나타낼 수 있다 —옮긴이.

라 불러도 괜찮다— 이 결코 달성하지 못할 목표라는 것이다. 적어도 어느 날 우리가 완벽한 상태 —실제로 이를 인식할 수 있다면— 에 도달하여 더 이상 이를 추구하느라고 아둥바둥거리진 않아도 되는 상황에 이르는 행운은 결코 없을 것이다. 그러한 측면에서 볼 때 우리 마음 속에서 그리는 완벽이란 그림에서의 소실점과 같은 것으로 모든 길이 향하고 있는 무한 저편에 있는 상상 속의 점과 같다. 무엇보다도 특히, 이는 수학자들이 말하는 점근선(asymptotic line)인데, 그것이 무엇인지 말할 수는 있지만 아무리 한없이 가까이 가더라도 결코 도달할 수 없는 이상적 존재이다.

수학에서 점근의 극한(asymptotic limit)은 중요한 개념이다. 나에게 이 개념은, 여러 해 동안 접하면서도 아직까지 확신할 수 없는 것이기도 하다. 그렇지만 이 개념을 어려워한다는 사실이 별로 놀라울 것도 없는데, 점근의 극한 개념이 또 다른 무시무시한 수수께끼 같은 무한이라는 개념에 결코 풀리지 않을 만큼 꽁꽁 결합되어 있기 때문이다.

이 사실은 특히 기하학에서 분명하게 보이는데, 점근의 극한 개념은 점근선이라는 무한히 길게 연장된 경계선으로 그려진다. 정의에 따르면, 점근선에 점점 가까이 가는 또 다른 선도 점근선과는 결코 만날 수 없는데, 이는 마치 활주로에 접근하면서 결코 착륙하지 않는 비행기와 같다. 나는 그러한 선이 언젠가는 그 선과 점근선과의 격차를 메워주리라고 끊임없이 생각하고 싶었지만, 실상은 그게 아니었다. 그 선과 점근선이 수렴하면서 이들 사이의 간격은 끝없이 절반으로 줄어들지만, 아무리 무한히 가더라도 나머지 절반을 완전히 사라지게 만드는 그러한 점에

도달할 수는 없다.

지금까지 나는 내가 발견한 사실, 즉 무한이란 이와 같이 믿을 수 없을 정도로 놀라운 것이라는 것을 기술하였다. 이제 수학자들은 토론을 거듭하면서 무한에서 어떤 일들이 벌어지는지 우리에게 완벽하게 말할 수 있게 되었다. 확실한 것은, 몇 가지 예를 살펴볼 때 그 일이 그리 뛰어난 업적은 아니라는 것이다. 어떤 것들의 점근 극한은 쉽사리 추측할 수 있기 때문이다. 예를 들어, 원에 내접한 다각형을 상상하자. 다음에 다각형의 변의 개수를 계속 늘려 가자. 이 작업의 끝은 없지만, 다각형은 점차 자신의 점근 극한인 원의 모양으로 변해 갈 것이라는 것을 누구나 쉽게 눈치챌 것이라고 생각한다. 비슷한 방법으로 수열 0.9, 0.99, 0.999, 0.9999, …의 점근 극한은 단순한 수 1 이라는 사실이 자명할 것으로 생각한다. 사실상 이는 결코 1 이 아니지만, 1 에 점점 가까이 다가가는 수로 영원히 남을 것이다.

그렇지만, 대부분의 예를 살펴보면 무한에서 벌어지는 일들이 그렇게 환히 들여다 볼 수 있을 만큼 뻔한 것이 아니다. 그런데 이들 경우에도 수학자들은 실제로 극한을 결정하는 방법을 발견했다. 이 방법들 대부분은 무한 수열을 합하는 능력에 근거하는데, 무한 수열을 합한다는 것이 불가능한 것처럼 들리겠지만 지난 300년 동안 수학자들은 이 일을 능숙하게 처리할 수 있게 되었다. 예를 들어 이들은 자신들의 기술을 이용하여 1 더하기 $\frac{1}{2}$ 더하기 $\frac{1}{4}$ 더하기 $\frac{1}{8}$ 더하기 $\frac{1}{16}$을 계속하여 무한히 더하다 보면 결국에는 2가 된다는 사실을 알았다. 주의할 것은 그 값이 근삿값 2가 아니라 정확하게 2라는 사실이다.

이들은, 정의에 따르면, 무한 수열에 대한 결론인데, 이 기술은 극한을 추측하는 데 여러 모로 편리한 기술이다. 예를 들어 반지름이 1 인 원에 내접하는 삼각형을 생각해 보자. 다음, 이 삼각형에 내접하는 원을 그리고 그 다음, 이 원에 내접하는 사각형, 다음에는 이 사각형에 내접하는 원 등을 계속 그려 간다. 이 과정은 무한히 진행되는데, 내접원에 내접하는 다각형의 변의 개수는 항상 그 전 다각형의 변의 개수보다 하나 더 많게 그려 간다. 분명히 내접하여 그리는 도형들은 점점 작은 도형이 될 것이다.

이렇게 끝없이 진행되는 과정의 극한은 모든 원과 다각형의 중심으로 향하는 하나의 점이 될 것이라고 추측하는 사람이 있을지 모르겠는데, 이는 사실이 아니다. 다각형의 변의 개수를 늘려 가다 보면 점점 원에 가까워진다는 사실을 기억하라. 이는 결국 하나의 원 위에 또 다른 원을 계속하여 포개 놓는 것과 같아진다. 더 정확하게 말한다면, 어떤 하나의 점 위로 원과 다각형 사이에 존재하는 크기와 모양의 차이가 점차 사라진다는 것이다. 그 결과, 무한정 포개어지는 도형들은 원래의 원과 중심이 같은 하나의 작은 원으로 모여진다. 무한급수에서 사용되었던 기술을 이용하여, 수학자들은 이 극한의 원 —사실상 실재하지 않는 이상적인 원— 의 지름이 대략 $\frac{1}{12}$이라는 사실까지 추측할 수 있었다. 같은 방법으로 우리들은, 궁극적으로 우리 인간이 어떤 완벽한(또는 불완전한) 상태에 도달하는지, 그리고 1 마일 경주에서 도달할 수는 없지만 가까이 접근할 수 있는 기록이 얼마인지 예측할 수도 있게 되었다.

점근 극한을 이용한 수학자들의 기술이 빚어낸 가장 큰 성과물은 17세기 뉴턴(Isaac Newton)과 라이프니츠(Gottfried Leibnitz)가 창안한 미분학이라는 경이적인 학문이었다. 이는 매끄럽게 변화하는 거의 모든 종류의 현상을 완벽하게 기술하는 데 매우 유용한 학문이다. 여기서 "완벽하게"라는 말은 동적인 과정에서 발생하는 변화의 모든 순간을 기술하는 것이 가능하다는 뜻이다. 미국 항공 우주국(NASA)의 과학자들은 이를 이용하여 토성을 향해 쏘아올린 인공위성이 순간순간 어떻게 진행하는지 계산하였고, 경제학자들은 순간순간 진행되는 시장의 변화를 감지하는 데 이를 이용한다.

17세기 이전의 과학자와 수학자들은 시간 간격을 두고 그 구간 내에서 변화된 양의 평균에 기초하여 변화를 기술하여야 했다. 그렇지만 당연히 이와 같은 기술이 이상적일 수는 없었다. 예를 들어, 미국에서 가장 습한 지역인 하와이의 카와이(Kauai) 섬에 있는 와이아리크(Waialeake) 산의 연간 강수량의 변화를 정하려 한다고 하자. 연감에 따르면 연평균 강수량은 12,346.94mm라고 한다. 그러나 연평균 강수량이 장단기간에 걸쳐 발생하는 변동을 포함하여 실제 강우의 실제적인 유형에 대하여 알려 주는 것은 아무것도 없다. 우리가 어느 날에서 다음 날까지 얼마의 비가 내리는지 알 수 있다면 실제 강우에 대하여 많은 것을 알 수 있고, 한 시간, 일 분, 또는 일 초 동안의 상황을 안다면 더욱더 그러할 것이다.

미분학의 창조는, 순간변화율이란 측정된 시간을 체계적으로 줄여 나갈 때 변화의 평균에 대한 점근 극한이라는 인식에 근거를 두고 일어났다. 이는 수학자들이 점근 극한을 구하는 계산법을 갖기 훨씬 이전부터 인식하고 있었던 개념이다. 예를 들어, 그들은 고용인의 시간당 임금을 계산할 수 있는데, 즉 1주일 동안의 노동 시간으로 1주일 동안의 임금을 나누면 된다. 1분당 임금을 계산하려면 1주일 동안의 분(分)수로 나누면 된다. 이와 같은 방식으로 계속하여 더 작은 시간 단위로 나누어 평균의 수열을 무한히 구해 나갈 수 있다. 그러나 그들은 그와 같은 수열의 점근 극한을 어떻게 구할 수 있는지 알 수 없었다. 상식적으로 수열의 극한값은 1주일 동안의 무한히 작은 극소의 시간 단위의 개수로 1주일 간의 임금을 나누면 된다. 그렇지만, 그 개수가 무한이라서 무한으로 나눈 값은 0이 되는데 이는 터무니없는 결과이다. 이 생각에 따르면, 1주일에 200달러를 받는 사람이 일하는 순간순간마다 어떤 보수도 받지 못한다는 사실을 추론할 수 있다. 무한 수열에 대하여 명확하게 이해하지 못한 그 전의 수학자들도, 평범한 사람들이 무한히 포개지는 원과 다각형의 정확한 점근 극한을 정확하게 계산할 수 있는 기회를 가졌듯이 이 패러독스를 해결할 수 있는 기회를 가졌다. 그런데 이제 그들은 미분학을 이용하여 평균변화율의 극한값, 즉 순간변화율을 확인할 수 있는 적절한 기술적 도구를 갖게 된 것이다. 따라서 변화의 양상을 완벽하게 기술할 수 있는 수단을 갖게 된 것이다.

완벽함에 대한 수학자들의 이러한 접근은 언젠가 배달된 한 장의 그림엽서를 연상하게 만드는데, 그 그림은 원근법으로 그려진 한 쌍의 기찻길 그림으로 익살맞게 생긴 땅딸보들이 두 기찻길이 모아지는 지점에 돋보기를 대고 들여다보는 그림이었다.

그 엽서에는 "소실점을 추적하며"라는 제목이 붙어 있었다. 극한 계산의 기술로 이제 수학자들은 소실점을 추적할 수 있게 된 것 같다. 만일 우리가 이 기술을 체득하지 못하면 그와 같은 이상적 물체는 언제나 우리의 한계를 벗어나 존재하며, 우리가 아무리 다가간다 하더라도 수평선 위에 걸려 있는 것처럼 보이는 산맥과 같은 존재가 될 것이다.

이제 우리는 수학에서 순간변화율이나 다른 점근 극한을 계산하였을 때처럼, 손쉽게 완벽을 추구하는 사회적 그리고 개인적인 노력이 어떤 것이 될까 하고 공상에도 잠길 수 있을 것 같다. 한 가지 어려운 점은 그러한 수학 외의 노력에서 우리가 이룩할 수 있는 발전은, 수학 세계의 예들처럼 항상 논리적 양상을 띠는 수열과 같은 것이 아니라는 사실이다. 우리 각자가 발전과 완벽의 의미에 대하여 명확한 개념을 가졌다 하더라도, 우리의 사고가 단 하나의 극한으로 수렴할 것 같지는 않다. 이러한 의미에서 볼 때, 자연 세계에서 나타나는 우리의 행동 특징을 단 하나의 소실점을 향한 직선에 비유할 수는 없을 것 같다. 실제로 그 세계의 직선들은 활처럼 굽어 있으며, 대다수의 직선이 어디로 향하는지 목표점을 잃어버렸고, 여기서 점이라는 것도 다소 크게 흩어진 점들인 것이다.

그렇지만 수학의 바깥 세계에도 수열 0.9, 0.99, 0.999, ⋯ 와 같이 극한값이 잘 정의될 수 있는 것처럼 보이는 예들이 있다. 이 예들은 어떤 모임의 구성원들 모두가 같은 목표를 향하여 집중하고 있는 상황에서 보이는 상대적으로 결정론적인 행동이며, 이들의 집단적인 움직임은 수열의 그것처럼 틀림없고 한결같은 움직임이다. 실제로 대부분의 운동 경기가 그러하다. 예를 들어, 우리는 1 마일 경주에서 도달할 수 있는 가장 빠른 시간이 무엇이든 간에 그 시간은 틀림없이 존재할 수 있지 않을까 하고 예상할 수 있다.

몇 년 전, 우리 모두는 1 마일 경주에서 인간의 극한 시간은 4분일 것이라고 추측하고 있었다. 아무도 4분 이내에 1 마일을 달릴 수는 없을 것이라고 믿었었다. 그런데, 1954년 영국의 배니스터(Roger Bannister)가 3분 59.4초의 기록으로 최초의 4분 벽을 깨고 말았다. 그 후, 사람들은 아무도 3분 55초의 벽은 깰 수 없을 것이라고 믿었었다. 그러자 1958년 오스트레일리아의 엘리엇(Herb Elliot)이 3분 54.4초의 기록을 세웠다. 사실 나는, 1865년 이후 1 마일 경주 기록의 전개 과정에 대한 도표를 만들면서, 오늘날의 기록 경신율이 40년 전의 그것과 대체로 같다는 사실을 발견하였다. 수립된 기록에서 어떤 규칙을 발견하기에는 한결같지 않아서 어떤 예상도 불허하는 것 같기 때문이다. 최근에 세워진 기록은 1981년에 영국인 코(Sebastian Coe)의 기록으로 3분 47.33초이었다. 물론 이 기록도 4분에 훨씬 못 미치는 기록이다.

어떤 선수가 절대로 깨어질 수 없는 기록을 언젠가는 세울 것이라고 확신하지 못한다면, 경신되는 기록의 극한은 점근 극한이라는 가정을 해야 한다. 이렇게 생각하면 우리가 어떤 절대적인 극한값에(비록 그 값에 점점 더 한없이 가까이 접근할 수 있다 하더라도) 도달하지 못하게 하는 힘 또는 저항의 정확한 성질이 무엇인가에 대한 의문이 제기된다. 아마도, 저항의 근원은 외부의 도움을 받지 않았을 때 인간 육체의 에너지와 힘의 한계성과 어느 정도 관련이 있는 것 같다.

이러한 과정(mechanism)이 어떻게 진행되는지 알아보기 위해서, 잠시 동안 위의 문제에서 제기된 점근 극한이 다름아니라 빛의 속도(즉, 이 속도로 1마일을 달리면 5백 3십 7만분의 1초에 경기를 마치는 것인데 이 시간은 사람이 예기치 못한 자극에 반응하는 시간과 대략 비슷하다)라고 가정하자. 이 경우에 저항이 일어나는 과정은 특수 상대성 이론으로 설명할 수 있다.

이 이론에 따르면, 어떤 물체가 빛의 속도의 $\frac{9}{10}$가량까지 도달하려면 아주 작은 양의 속도가 증가할 때에도 엄청난 양의 에너지를 필요로 한다. 이 현상에 대한 물리학적 이유는 다음과 같다. 물체가 빛의 속도에까지 접근하면, 그 추진에 필요한 에너지의 점점 더 많은 양이 질량으로 변환되는데, 이는 그 물체를 짓누르는 결과를 빚는다. 이 때, 물체를 계속 움직이게 하는 점점 더 많은 양의 추진력이 필요하고, 덧붙여진 추진력은 더 많은 양의 질량으로 전환되며 이 과정은 계속된다. 이와 같은 현상이 어떻게 발생하며 또 왜 일어나는지 분명하지는 않지만, 어쨌든 발생한다는 것만은 틀림없는 사실이다.(전자가 사이클로트론(cyclotron, 원자 파괴를 위한 이온가속장치)의 주위를 돌 때, 빛의 속도의 0.999까지 그 속도가 증가하는데, 물리학자들이 수년 동안 관찰한 바로는 그러한 전자들이 자신들의 정상적인 질량의 수 배에 달하는 것처럼 비활성적인 움직임을 보인다는 것이다.) 가속도가 붙은 물체의 질량이 점점 커지는 현상이 추진력의 감소 효과와 결합하기 때문에, 그 물체가 비록 엄청난 작용력을 들여가며 빛의 속도에 근접할 수는 있다 하더라도 그 속도까지 도달하는 것은 물리적으로 불가능하다.

어떤 물체가 점근 극한의 속도, 즉 빛의 속도에 도달하면, 그 물체는 무한의 질량의 갖게 되며, 이 때 그 물체의 모든 추진력은 단지 그의 질량을 증가하는 데에 소요될 것이라는 가설을 생각할 수 있다. 그렇지만 분명한 사실은, 비현실적인 가공의 경주 상황(예를 들어, 아무런 공기 저항도 없는 상황)하에서조차 인간의 육체 자체는 상대론적 효과가 눈에 띌 만큼의 속도 근처까지 근접할 만한 에너지도 갖지 못할 뿐더러 그와 같이 혹독한 빛의 속도를 견딜 만한 에너지도 가질 수 없다는 것이다. 대체로 우리는 각각 하루에 수천 칼로리를 소비하고 있다. 우리가 시속 96.5km의 속도를 낼 때 6000칼로리를 소비하는 정도이다. 그렇다면 1 마일 경주에서 우리 인간이 달리는 속도에 점근 극한이 있다면, 또는 다른 경주에서도 같은 가정을 할 때, 그것은 빛의 속도에 훨씬 못 미치지만, 저항이 일어나는 독특한 과정(resistance mechanism)과 비슷한 다른 어떤 것에 의해 강화되는 것만은 틀림없다.

어쩌면 그 극한값을 추정하는 가장 신뢰할 만한 방법은 세계 기록을 늘어놓은 수열이 점점 숙어들어갈 때까지 기다리는 것인지도 모르겠다. 아직은 그 때가 아니지만, 만일 그러한 일이 일어났을 때는 우리가 눈치챌 수 있을 것이다. 왜냐하면 새로운 기록의 수립이 점점 늦춰지면 기록 경신의 차이도 점차 미세하게 될 것이기 때문이다. 이 때쯤이면, 우리 선수들이 어느 시간을 향해서 달려 가고 있었는지 명확해질 것이다.

그렇지만 그 때가 되어도 지금처럼 우리는 극한값에 대한 확실한 정보가 없는 것처럼 행동하게 될 것이다. 마치 극한이 없는 것처럼 말이다. 우리 인류의 발전 과정에 대한 모델을 점근 극한으로 내세울 수 있다면, 이러한 태도는 충분히 예상할 수 있는 태도이다. 점근 극한을 향하고 있는 어떤 접근에서도 발견되는 가장 주요한 특징은 끝없는 발전 과정만이 앞날에 펼쳐져 있다는 생각이다. 마치 수평선상에 올라가면 또 다른 수평선이 기다리고 있다는 믿음과도 같다. 선견지명으로 얻어지는 점근 극한에 대한 어떤 지식만이 이 착각을 깨뜨릴 수밖에 없지만, 지금 당장 우리 인간이라는 외고집 종족이 걱정할 만큼 실현 가능성 있는 일은 아니다. 사실상 이 순간에 우리 자신이 진화 과정에서의 소실점을 추적할 수 있게 해 주는, 즉 우리 인류가 어디로 향하고 있는지 알려 주는, 수학에서의 미분학과 비슷한 그 어떤 수단에도 가까이 가지 못했기 때문이다.

3. 일반인에게는 비이성적인 수학자의 이성

- 수 그리고 연속성 -

하느님의 창조물이 주관하는 저 거대한 이상은,
영겁의 세월이 아무리 흘러도 실체를 드러내지 않을 것이다.

마크 아켄사이드(Mark Akenside)
상상의 즐거움(Pleasures of Imagination)

겉으로 보기에 이 세상은 디지털 세상이 된 것 같다. 디지털 녹음기, 디지털 영상, 디지털 컴퓨터, 디지털 시계가 있으니 말이다. 시간의 흐름은 연속된 것인가, 아니면 크로논(chronon, 시간의 흐름은 비연속적이라는 가정하에 벌어진 간격을 일컫는 단어 ―옮긴이)으로 부르는 똑딱거림의 반복인 것인가? 오래 전부터 의문시되었던 이 물음에 비추어 볼 때, 최근의 이러한 경향은 정말 흥미진진하다. 현재의 디지털 시계는 후자를 입증하는 것처럼 보인다. 그렇지만 사실상 오늘날의 우리가 이 문제를 해결하는 데에 고대의 그리스인들보다 더 나은 진전을 이룩했다고는 할 수 없다. 시계학상 비추어 볼 때, 시간은 연속적으로 흘러간다는 생각에서 만들어진 클립세드라(clypsedra 또는 clepsydra, 물의 흐름으로 시간을 측정하는 기구, 즉 물시계 — 옮긴이)라는 물시계가 고대 그리스 시대에 크게 유행하였으니 말이다. 사실 그 어느 때보다 오늘날이야말로 시간의 연속성에 관한 문제를 해결하는 데에 다소 주춤하고 있는 상태이다. 시간은 과연 연속적으로 흐르는 것일까에 대하여 과학자들이 골몰하고 있는 동안, 그들의 동료인 수학자들은 연속성의 정의를, 과학자들이 측정할 수 있는 것에서 도저히 헤아릴 수 없는 것으로 바꾸어 놓았기 때문이다. 과학자들이 연속성에 대한 원래의 수학적 개념에 안주할 것인가, 아니면 연구 목적을 위해 변형된 정의를 채택할 것인가 하는 문제는 현 시점에서 오직 시간만이 말해 줄 수 있을 것 같다.

과학자들은 왜 이 문제에 대하여 수학자들이 하는 말에 깊은 관심을 보일까? 그 이유는 연속성을 나타내는 양적 모델이 수직선(數直線)이기 때문이다. 수직선이란 수학자들이 그 위에서 수를 다루었던 보통 직선을 말하는데, 수의 성질에 대한 연구를 시작할 때부터 이미 사용되고 있었다. 사실상, 수직선은 수학자들이 개념상으로 사용한 자(ruler)였다. 이런 관점에서 볼 때 연속성에 대한 양적 개념은 수직선으로 나타내어지며, 이 때 각각의 점은 모두 빠짐없이 수에 대응하고 있다.

우리가 생각할 수 있는 가장 원시적인 수직선은 연속이 아니다. 그것은 1, 2, 3, 4 등의 정수들로만 구성되어 있어, 일정한 간격을 두고 이 수들을 배열하면 분명히 틈이 생긴다. 최초의 연속적인 수직선은 고대 그리스인들이 만들어 냈다. 이 수직선에는 정수들 사이에 존재하는 틈이 분수에 의해 무한히 채워지는

데, 겉으로 보기에 수와 대응하지 않는 점은 없는 것처럼 보인다. 이를 유리수 직선이라 불렀는데, 그 이유는 정수와 함께 분수를 그리스인들이 유리수라 불렀기 때문이다. 이 수들은 3:2, 2:7, 5:1과 같이 정수의 비로 나타낼 수 있는 수들이다.

수학적 이유뿐만 아니라 종교적 이유 때문에 유리수 직선을 이상적인 연속성 모델이라고 믿었던 그리스인은 다름 아닌 사모스의 피타고라스였다. 그는 연속성의 이미지에, 특히 이를 정의하기 위해 사용한 수들에서 성스러움을 발견하던 신비주의 종교인의 한 사람이었다. 그와 그의 동료들은 음악의 옥타브가 정수비의 길이를 가진 현악기의 줄에서 생성된다는 그리스인들의 발견을 대단히 중요하게 생각하였다. 이와 같은 사실은 피타고라스 학파에게 우주의 주변과 그 내부에 존재하는 모든 것들을 물리학적으로 그리고 형이상학적으로 유리수에 의해 나타낼 수 있다는 확실한 증거였다. 수에 대한 그들의 신앙은 결국 복잡한 수점(numerology, 數로 占을 치는 것)의 도해법으로 발전하여 결국 현대적인 수점의 기초가 되었다. 여기서 1이라는 숫자는(음이 아닌 최초의 정수이기 때문이라고 짐작되는데) 성스러운 창조자를 의미하며, 숫자 2와 3은 피타고라스 학파만 알고 있는 이유 때문에 각각 여성과 남성을 의미한다. 이러한 이유 때문에 그들은 숫자 5가 결혼(남성과 여성의 결합)을 의미한다고 생각했다.

연속성에 대한 수직선 모델을 반박할 수 있는 그 어떤 증거도 갖지 못했던 그리스인들은 결국 몇 년 동안이나 이에 집착할 수밖에 없었다. 그런데, 기원전 6세기의 어느 순간, 그 누구도 아닌 피타고라스 학파가 그 모델의 결함을 발견하였고, 자연히 자신들이 숭배하던 신에 대한 결함도 발견하였다. 계시와도 같은 이 발견은, 다소 평범한 문제를 푸는 노력을 기울이던 와중에 예기치 않게 등장하였다. 그것은 다음과 같은 유의 문제였다. 한 변이 1 마일인 정사각형 모양의 토지에서 대각선에 담장을 세워 두 개의 삼각형으로 만들 때 담장의 길이는 얼마인가?

피타고라스 학파는 자신들의 피타고라스 정리(오즈의 마법사라는 1936년판 영화에서 허수아비가 대학 졸업장을 받으며 들떠서 이야기할 때 잘못 말하는 것과 같은 것)를 이용하여 쉽게 풀이했을 것이다. 이 정리에 따르면 직각삼각형의 빗변의 길이는 다른 두 변의 길이를 알면 구할 수 있다.

그 이전에, 여러 직각삼각형의 정확한 변의 길이를 구하는 데 이 정리를 이용하였던 피타고라스 학파는, 자신들의 정리가 이 문제의 정확한 답을 제공할 수 없다는 사실에 스스로 놀랄 수밖에 없었다. 그들이 계산한 것은 담장의 길이가 정확하지는 않지만 $\frac{2}{3}$마일에 근사하다는 사실뿐이었다. 이 문제의 정확한 답은 무리수인데, 이 단어에는 두 가지 의미가 있다. 글자 그대로 정수의 비로 나타낼 수 없다는 뜻이고, 비유적으로는 고대 그리스인들의 개념 영역을 벗어났다는 뜻이다. 피타고라스 학파의 발견으로 이제 무리수도 여러 다른 수들과 같은 자격을 갖게 되었다.

피타고라스 학파가 이단시하여 처음에는 숨기려 했던 무리수의 발견으로 유리수 직선은 더 이상 연속성의 모델이 될 수 없었다. 예를 들어, 피타고라스 문제에서 길이 1 마일의 정사각형의 대각선과 같은 길이의 막대를 생각해 보자. 그 막대의 길이에 대한 존재성은 부정할 수 없지만, 유리수 직선으로 이를 측정하면 그 끝이 일치하는 점에서는 이 점에 대응하는 수를 찾을 수 없게 된다. 더욱이 그와 같은 막대는 여러 개가 있는데, 그 길이는 정수도 아니며 분수도 아닌 수로 나타낼 수밖에 없다. 요약하면, 피타고라스의 발견으로 유리수 직선은 이미 무한히 촘촘하게 박혀 있는 분수들 사이에 존재하긴 하지만, 뭐라고 딱히 이름을 붙일 수 없는 틈새들로 이루어진 수수께끼 같은 존재가 되었다.

이 발견 이후로 수백 년 동안 수학자들은 무리수를 필요악이라고 생각하였다. 필요하게 생각한 이유는 불연속적인 유리수에 이들을 끼워 넣음으로써 진정한 수직선을 만들 수 있기 때문이었고, 악이라 생각한 이유는 유리수 직선에 이들을 어떻게 끼워 넣을 수 있을지 아직 분명하지 않기 때문이었다. 무리수의 예는 많이 있었지만, 이들에 대한 그럴듯한 수학적 정의는 없었다. 이들은 논리적으로 유리수와 관련이 없는 것처럼 보였는데, 이는 유리수에서 무리수를 만들어 내는 비결이 알려져 있지 않았다는 것을 뜻한다. 반면에 유리수 자체는 모두 정수의 비로 나타낼 수 있다는 점에서 논리적으로 서로 관련되어 있었다. 수학자들이 무리수를 유리수와 함께 조화시킬 수 없는 한, 무리수 직선의 개념은 그것이 아무리 수학적으로 타당하더라도 완벽하게 이해되는 것으로 생각할 수 없었다.

19세기에 접어들어서도 무리수를 합리화하려는 수학자들이 있었는데, 이들은 이산 가족이 재결합할 때 다른 가족들과 어울리지 않게 생긴 사람을 족보에 어떻게 올려야 하는지 고민하는 사람에 비유할 수 있다. 1872년, 독일의 수학자 데데킨트(Richard Dedekind)는 무리수를 유리수와 연계시켜 드디어 오랫

동안 기대해 마지않던 연속성의 '슈퍼' 모델에 이름 붙이는 방안을 발견하였다. 이를 실수 직선이라 불렀는데, 16세기 이래 유리수와 무리수를 통틀어 실수라 불렀던 수학자들의 습관에 따른 것이었다.

데데킨트의 성취 이후 몇 년이 지나, 독일의 수학자 칸토어는 불가능하다고 보았던 실수의 구성에 대한 회의를 종식시키는 발견을 하였다. 그는, 그리스인들이 의심했듯이 무한 개의 유리수가 존재하지만 그보다 더 많은 실수가 존재한다는 것을 확인하였다. 이는 실제로 실수 직선이 유리수 직선보다 더 연속적이며, 더 촘촘히 채워져 있다는 것에 대한 확인이었다.

이 사실이 무엇을 의미하는지 생각해 보라. 유리수 직선 위에서 인접한 수들은 서로 무한히 이웃한다. 그렇지만 실수 직선에서는, 이웃한 수들이 서로 무한히 이웃한 것보다 더 가까이 이웃하게 된다. 이를 설명하기 위하여 거울을 사용하면 결국에는 현실과는 거리가 먼 착각 현상을 발견하게 된다. 서로 마주 보는 두 개의 거울을 예로 들어보자. 그 거울 중 하나를 들여다 본다면, 다른 거울에 비춰진 모습을 반복해서 보게 된다. 각각의 비춰진 모습을 수직선 위의 한 점이라 생각하자. 두 개의 거울을 서로 가까이하면, 반복해서 비춰진 모습들이 가까워져서 그들 사이의 간격은 보다 좁아질 것이다. 유리수 직선 위에 있는 점 사이의 간격은 무한히 이웃한, 즉 접해 있는 두 거울에 비친 상 사이의 간격에 대응한다. 반면에 실수 직선 위에 있는 점 사이의 간격은 접해 있는 것보다 더 가까이 근접한 두 거울에 비친 상 사이의 간격에 대응한다. 그렇지만 이러한 현상은 마치 이상한 나라의 앨리스가 거울 속으로 들어가듯, 하나의 거울이 다른 거울 안에 들어갈 때만 일어날 수 있다.

이와 같이 이해하기 어려운 실수 직선 때문에, 시간 연구에 관심이 있는 과학자들은 어쩔 수 없지만 불가피한 선택을 해야 한다. 즉, 현실에 대한 비과학적(측정 불가능이라는 뜻의) 모델이라고 당장 이 모델을 거부할 수 있는데, 이 경우에 편협한 사람이라는 비난의 소지가 있다. 반면에 이 모델을 현실에 대한 가능한 모델로 인정할 수 있는데, 이 경우에는 신비주의자라는 비난의 소지가 있다.

어떤 이의도 제기되지 않는 선택을 할 수 없으니, 잠시 동안 유리수 직선과 실수 직선 모두 각기 나름대로 타당한 연속성 모델이라고 가정하자. 이 경우에 우리의 문제에는 시간이 연속인가 또는 불연속인가 하는 것뿐만 아니라 '유리수와 같은' 연속인가 아니면 '실수와 같은' 연속인가의 문제도 제기된다.

그 중에서 첫번째 문제를 따져 보자. 시간이 연속이 아니라면 이는 우주 전체를 포함한 이 세상의 모든 존재가 마치 영화에 나오는 것처럼 한 장면씩 진행되는 것을 의미한다. 결국 현재 존재하는 것은 단절된 어느 순간들이 결합된 것이지만, 우리의 눈에 연속된 것처럼 보이는 것은 요즈음 영화의 영상이 만들어 내는 것과 같은 착시현상이라 할 수 있다. 1초에 24화면을 비추는 영화에서 착시현상이 일어나는데, 이는 한 화면을 보는 순간 전 화면의 영상이 우리 눈에 남아 있어, 이것이 다음 장면으로 무리 없이 이전되는 현상이다. 따라서 우리 눈으로는 불연속성을 감지할 수 없다. 만일 영상이 너무 느리게 비추어지거나 눈에 비추어진 영상이 자연스럽게 남아 있지 않는다면, 불연속성이 감지되어 영상들이 깜박거리듯 보일 것이다.

아주 짧은 순간만을 포착하는 우리 눈과 같이 작동하는 기구를 사용하여 실험을 하더라도 실제 물체가 깜박거리는 현상을 발견할 수는 없다. 시간의 흐름이 불연속이라면, 이 실험은 우리가 실물을 투시할 때 그 속도가 1초에 천억조(1 다음에 0이 23번 나오는 수) 개의 화면이 등장하는 것보다 더 빨라야 함을 의미한다.

그렇지만, 시간의 흐름이 연속이라면 순간순간마다의 존재성이 유리수 직선과 같은 연속성을 띠는가 아니면 실수 직선과 같은 연속성을 띠는가 하는 문제가 있다. 각각의 모델에 대한 타당성을 직접 측정하여 입증할 수는 없다. 그 이유는 어떤 의미에서든 1초에 무한 개 또는 그 이상의 빠른 속도로 영상이 비춰지는 속도를 구현해야 하기 때문이다. 직접 측정을 하려면 기껏해야 실제 비춰지는 대상의 영상 속도가 1초에 나타나는 유한 개의 영상의 개수뿐으로, 무한 개는 말할 것도 없고 그 이상을 구현한다는 것은 도저히 불가능한 일이다.

그렇지만, 간접 측정을 한다면 한 가닥 단서를 찾을 수 있을지도 모르겠다. 매우 간단한 실험이 방금 생각나는데, 시간과 관련된 다양한 현상의 목록을 만들어서 이들을 양적으로 묘사할 때 유리수만으로 충분하가를 알아보는 것이다. 그럴 수 있다면, 시간과 무리수는 서로 아무런 관계가 없으며, 따라서 유리수 직선은 시간의 연속성을 표현하는 충분하고 정확한 모델이라는 이야기가 된다. 반면에 그렇지 않다면, 어쩌면 그 사실 자체가—

피타고라스 학파가 또 다른 맥락에서 이전에 발견했듯이— 유리수 직선은 시간의 연속성을 표현하는 모델로 충분하지 않다는 단서가 된다.

이 때, 앞에서 제안한 목록을 만들기 위해 우리는 무리수로부터 유리수를 구분할 필요가 있다. 무리수를 식별할 수 있는 가장 큰 특징은 겉으로 드러나는 규칙 없이 무한히 긴 소수로 표현된다는 점이다. 두 가지 보기로 2의 제곱근(1.414213562···)과 임의의 원의 둘레를 지름으로 나누어 얻는 값 π(3.141592654···)를 들 수 있다. π는 특히 많이 알려진 무리수 중의 하나인데, 소수점 이하 수십만 자리까지 정확하게 계산되었지만 그 숫자들로부터 눈에 띄는 규칙을 발견할 수가 없다. (이는 내가 무리수에 대하여 항상 불가사의하게 생각했던 사실 중의 하나인데, 소수에 나타나는 숫자들은 무작위로 배열되어 있지만, 그렇다고 해서 아무렇게나 배열된 것은 아니다. 만일 무한히 배열된 소수점 이하의 수 중에 한 쌍의 숫자의 배열을 바꿔 놓는다면, 이는 더 이상 같은 무리수가 아니다. 각각의 무리수에서 독특하게 무작위로 배열되어 있는 각각의 자릿수는 그 수만의 무작위성을 과시하는 구실을 담당하고 있다.) 물론 하나의 유리수도 소수점 이하 무한 개의 소수 표현이 가능하지만 여기에는 항상 일정한 규칙이 발견된다. ($\frac{2}{35}$는 0.05714285714285714···, $\frac{1}{99}$은 0.01010101···, 6은 6.000000···)

확실한 것은 오늘날 우리가 알고 있는 많은 현상들을 유리수만으로 완벽하게 표현할 수 있다는 사실이다. 전선을 타고 전하가 운동하는 전기를 예로 들어보자. 1906년 미국의 물리학자

밀리컨(Robert Millikan)에게 노벨 상을 안겨 준 실험 덕택에, 오늘날 우리는 더 이상 나눌 수 없는 기본이 되는 전하의 정수 배로 전기가 존재한다는 사실을 알게 되었다. 실제로 기본이 되는 전하는 두 종류가 있는데, 이들의 크기는 같지만 하나는 양이고 다른 하나는 음으로, 같은 종류의 전하는 서로 저항하지만 다른 종류의 전하는 잡아당긴다. 현재 일부에서는 원자핵 속에 쿼크(quark)라는 입자가 있어 기본 전하의 3분의 1과 3분의 2로 전하를 나누어 실어나르는 것 같다는 추측이 있다. 그러나 지금까지 무리수 배가 되는 전하를 갖게 된다는 어떤 주장이나 증거는 발견되지 않았다.

이제 화학으로 눈을 돌리자. 화학에서 반응의 역동성은 대체로 화학 반응에 포함된 원소들의 성질에 따라 결정된다. 그리고 이들 성질은 그 원소의 원자 개수와 관련되어 있다.

원소의 원자 번호는 각각의 원자 안에 있는 전자수와 같고 이는 항상 유리수인데 좀더 정확하게 말하면 정수이다. 예를 들어 원자 번호가 2, 10, 18, 36, 54, 86인 원소들은 화학적으로 불활성이어서 다른 원소들과 전혀 반응을 하지 않는다. 대조적으로 원자 번호가 9, 17, 35, 53, 85인 원소들은 할로겐으로, 이들은 특히 소금을 만들 때 활발한 반응을 보인다. 우리에게는 물론 다른 유기생물체에 특히 중요한 번호는 6인데 이 수는 탄소를 나타낸다. 다른 원소들과 결합하는 탄소만의 독특한 친화성 때문에 아미노산, 단백질, DNA 등에서 볼 수 있는 긴 고리 모양의 분자를 형성하고 있다.

생물학에서도 유리수의 관점에서 많은 현상들을 설명할 수 있다. 예를 들어 각각의 동식물은 각각의 세포 내부에 존재하는 고유의 염색체 수에 따라 특징지을 수 있는데, 이들 염색체 수는 원자 번호와 마찬가지로 항상 정수이다.

이렇게 유리수로 모든 것을 다 말할 수 있는 것 같지만, 그럼에도 불구하고 과학은 무리수도 필요로 한다. 족히 한 세기 동안 과학자들이 목격하였던 것은, 거의 모든 과학적 이론에서 공간과 시간을 현대적으로 표현하기 위해 사용하였던 특별한 수치들의 목록을 만들었을 때, 이 목록에 들어가는 무리수들이 점점 늘어난다는 것이었다. 자연을 묘사하는 필수적인 통계치로 생각할 수 있는 이들 상수들은 지금 이 순간에 모두가 무리수인 것처럼 보인다. 예를 들어 이들 상수 중의 하나인 빛의 속도의 경우, 소수점 아래 아홉 자리까지 측정되었는데 그 자릿수의 배열에서 어떠한 규칙도 발견할 수 없었다. (빛의 속도를 초속 백만 미터 단위로 나타낼 때 아무리 정확하게 측정해도 그 측정치는 0.299792458이다.) 또 다른 상수로 원자 수준의 역동적 행태를 나타내는 상수가 있는데, 이는 미세구조 상수(fine-structure constant)라고 한다. 이 역시 소수점 아래 열 자리까지 얻은 측정치의 자릿수 배열에서 어떤 규칙도 발견할 수가 없었다.(미세구조 상수에 대한 가장 정확한 측정은 크기의 단위가 없는 양으로 0.0072973503이다.) 물리학에서만도 이러한 상수가 수십 개가 있는데, 이들의 자릿수는 대여섯에서 열한 자리까지의 숫자이지만, 역시 자릿수의 배열에서 어떠한 규칙도 발견할 수 없다.

아직 한 가지 미해결된 어려움만 없다면, 이와 같이 시간과 관련되어 자연 현상에 나타나는 무리수의 흔적이 우리가 연속성에 대하여 실험을 행할 때 그 의도를 충족시켜 줄 것이다. 그 어려움이란, 무리수를 측정하기 위해 어떤 시도를 하더라도 결코 이를 완벽하게 측정할 수 없다는 사실이다. 미세구조 상수와 같은 수를 측정할 때, 자릿수가 길게 늘어진 측정 수치의 어느 지점에서 어떤 규칙이 숨어 있을 수 있을 가능성을 완전히 배제할 수는 없기 때문이다. 지금부터 10년쯤 지나서 어쩌면 우리는 미세구조 상수가 0.007297350372973으로 밝혀져, 결국에는 이 역시 유리수라고 결론을 내릴지도 모른다. 그렇지만, 자릿수의 배열에서 발견되는 그러한 규칙은, 주어진 상수가 유리수일지도 모른다는 막연한 주장을 암시할 뿐이지 결코 이를 우리가 증명할 수는 없는 것이다.

이상의 모든 사실로부터 귀결되는 것은, 가능한 어떤 측정으로도 풀리지 않는 과학적 가능성을 수학자들이 무리수를 발견하는 과정에서 제기했다는 사실이다. 시간의 흐름이 수학적인 관점에서 "실수와 같은" 연속성인지 또는 "유리수와 같은" 연속성인지 이를 합리적으로 구분할 수 있다 하여도, 경험론자들에게는 여전히 이들 구분 모두가 비합리적일 수밖에 없다.

4. 무한의 저 편에서

- 칸토어의 집합론과 초한수 -

사람들은 자신이 품은 생각을 그대로 닮아가게 마련이다.

괴테(Goethe)

나는 인간의 상상력에 놀라움을 금치 못한다. 그 상상력은 실감날 정도로 너무나도 생생하기 때문에, 우리들은 종종 우리의 상상력으로 빚어낸 환상의 세세한 부분까지 논쟁거리로 삼을 정도다. 과거에는 지적인 남녀들이 바늘 위에 몇 명의 요정이 올라설 수 있는지에 대해 논쟁을 벌이기도 했다. 오늘날에는 핵전쟁이 일어나도 살아남을 수 있다고 믿는 군사 전문가들이 전후에 벌어질 일들을 각색한 시나리오 중에서 어느 것이 더 좋은 시나리오인가를 놓고 말잔치를 벌이고 있다. 우리는 때때로 정상적인 현실 세계와 동떨어져 관념 속에서만 일어날 수 있는 세계에 빠져든 월터 미티(Walter Mitty, 미국의 만화가 써더가 그린 엄처시하의 소심하고 몽상적인 도시 남자—옮긴이) 시대에 사는 것이 아닌가 하는 착각에 빠지곤 한다.

인간의 상상력은 우리 자신을 아주 섬세한 부분까지 환상의 세계로 빨려들게 하는데, 이 힘은 수학의 세계에서도 유감 없이 발휘되어 이성적 판단이 허용할 수 있는 극단적 한계에까지 끊임없이 발휘되고 있다. 그리하여, 현대 수학자들은 고금을 막론하고 입에 올리기도 황송한 개념 중의 하나인 무한 개념을 합리화하거나 상세하게 기술하려는 시도에서 뛰어난 업적을 거두었다.

19세기까지 수천 년 동안 그 누구도 무한 개념을 명쾌하게 정의하지 못 했었다. 종교에 빠져든 사람들에게 이 개념은 신학적 의미로 애매모호하게 해석되었고, 수학자와 과학자를 포함한 그 밖의 사람들에게 무한 개념은 합리적 사고의 한계를 벗어나는 모든 잡동사니들을 담는 그릇에 불과하였다. 무한에 대하여 이렇게 두려움을 느끼고 있던 우리는, 쇼(George Bernard Shaw)가 〈범인과 초인〉(Man and Superman)에서 "그에게… 11은 셀 수 없는 무한이다."라고 묘사한 부시맨과 같은 존재였다.

과학자와 수학자들은 17세기에 이르러서야 무한 개념도 언젠가는 이성으로 감지할 수 있는 개념이 될 것 같이 이야기하기 시작하였지만, 아직도 그들에게 무한 개념은 전혀 이해할 수 없이 커다란 그 어떤 것들을 묘사하기 위해 사용하는 포괄적인 용어였다. 무한에도 여러 종류가 있다는 사실을 파악하지 못했던 것이다. 예를 들어, 갈릴레오가 〈두 가지 새로운 과학에 대한 대화〉(Dialogues Concerning Two New Sciences)에 기록한 바에 따르면, 그는 3인치 길이의 선분과 그 길이가 두 배인 선분 위에는 같은 개수—무한 개—의 점이 놓여 있다고 믿고 있었다. 이 우주의 크기가 두 배로 확대되건 또는 반으로 축소되건 어쨌든 이해 불능이라고 여기는 사람처럼 갈릴레오도 그 패러독스를 그대로 받아들였다.

갈릴레오 이후 한 세기 동안 무한에 대한 이와 같은 역설은 점차 그 수가 증가하였고 더더욱 신랄해졌다. 1851년 〈무한의 역설〉(The Paradoxes of Infinity)이란 제목의 작은 책자에서 체코의 수학자 볼차노(Bernhard Bolzano)가 최초로 이 주제에 대하여 심도 있게 이성적인 접근을 시도하였지만, 그 결과가 무한에 대하여 우리가 이전에 가졌던 개념보다 더 멀어졌다고 할 수는 없지만 그렇다고 더 가까이하게 되었다고도 말할 수 있는 정도는 아니었다.

만일 오늘날의 수학자들이 이전의 그 누구보다 무한에 대하여 쉽게 이해할 수 있게 되었다고 한다면, 이는 전적으로 볼차노의 책이 나왔을 때 겨우 여섯 살밖에 안 되었던 부드러운 목소리의 소유자이며 독일의 수학 교수였던 칸토어(Georg Ferdinand Ludwig Philipp Cantor)의 덕택이리라. 애초부터 칸토어가 무한에 대하여 추론했던 것은 아니었다. 칸토어도 19세기 후반의 다른 수학자들처럼 수학의 기초로서 기하학의 진실성이 의심되는 최근의 발견에 자극을 받았었다. 당시 수학자들은 학문적인 좌표를 잃은 나머지 유클리드 기하학을 새로운 초석으로 대치하려는 작업을 하고 있었다. 이번에는 기하학적인 초석이 아니라 산술적인 초석이어야 한다고 많은 이들이 믿고 있었던 때였다. 따라서 개념상 점, 선, 면에 근거하지 않고 정수, 분수, 무리수(π와 같이 분수가 아닌 소수들)에 개념의 근거를 두어야 했다. 이는 어쩌면 애매모호할 수 있지만 상당히 널리 지지를 받던 목표였으며, 수학자들은 이를 목표로 하여 서로 다른 접근 방법을 다양하게 실행하였다. 칸토어가 택한 방법은 자신을 무한 개념에 이르도록 유도하였는데, 전혀 예상하지 못 했지만 사실상 무한을 뛰어넘어 서게 하였다.

칸토어는 '우리의 직관 또는 사고의 명확하고 독립적인 대상…들의 (유한)모임'을 염두에 두고 의식세계의 구석구석을 탐색하기 시작하였는데, 그는 이 모임을 간단히 유한집합이라고 하였다. 수학의 산술적 기초를 마련한다는 외관상의 목적 때문에 특별히 수 집합만을 대상으로 하였지만, 그의 정의는 달력에 나오는 달이나, 또는 사람 혹은 그 어떤 것들의 집합에도 적절하게 적용할 수 있다.

칸토어의 논리적 체계에 따르면, 한 집합의 원소들이 다른 집합의 원소들과 산술적으로 짝지워질 수만 있다면 두 집합은 (크기에서) 같다고 한다. 이와 같은 방법으로 두 집합의 같음을 정의함으로써, 칸토어는 로스엔젤레스 콜로세움에 있는 좌석들의 집합과 그 곳 관람객들의 집합과 같은 아주 커다란 집합들을 쉽게 비교할 준비를 갖추었다. 칸토어의 정의에 따르면, 이들 두 집합이 서로 같은지 알아보려면 모든 관람객들을 자리에 앉게 할 때 어떤 일이 일어나는지 관찰하면 된다. 관람객 몇 사람이 자리에 못 앉거나 빈 자리가 발견되면, 두 집합은 서로 같은 집합이 아니며, 그런 일이 없을 때는 서로 같은 집합이다.

칸토어의 정의를 이용하면, 두 집합이 서로 같은지 알아보기 위해서 이 두 집합 각각에 속해 있는 원소들을 세어보거나 일일이 확인할 필요가 없다. 이는 궁극적으로 칸토어가 무한들을 또는 좀더 정확하게 말하면 무한집합들을 합리적으로 비교하거나 구별할 때 편리한 수단이 되었다.

이들 몇 개의 기본적 아이디어를 배경으로 칸토어는 무한을 향한 첫발을 내딛는다. 그는 임의의 유한집합을 발판으로 다른 집합, 보다 큰 집합, 유한집합 등등을 비롯하여 무한까지를 어떻게 정의하는지 설명하고 있다. 각 단계에서 어떤 집합보다 더 큰 집합은 원래 집합의 모든 부분집합들로 구성된다(멱집합 power set을 말하고 있다 — 옮긴이). 칸토어는 자신이 임의로 정한 용어에 따라 어떤 집합의 부분집합은 원소가 하나도 없거나, 일부분이거나 또는 그 집합의 모든 원소들로 구성되는 집합이라고 설명하였다. 원소가 하나도 없는 집합은 언제나 공집합이라고 부르며, 일부분의 원소로 구성된 집합은 진부분집합(proper subset)이라 한다. 그리고 그 집합의 전체 원소로 구성된 집합, 즉 자기 자신도 원래의 집합의 부분집합(improper subset)으로 정한다.

칸토어는 자신이 주장하는 논제의 발판을 위해 그 출발점으로 공집합이 아닌 임의의 집합을 정하였다. 예를 들어, 두 원소로 구성된 집합 {A, B}에서 네 개의 원소로 이루어진 집합을 정의하였는데, 이 집합은 네 개의 부분집합({A}, {B}, {AB}, 그리고 공집합)이 그 원소이다. 네 개의 원소 (A, B, C, D)로 이루어진 집합에서 열여섯 개의 원소({A}, {B}, {C}, {D}, {AB}, {AC}, {AD}, {BC}, {BD}, {CD}, {ABC}, {ABD}, {ACD}, {BCD}, {ABCD}, 공집합)로 이루어진 집합을 정의할 수 있으며, 이를 계속해 나간아다.

우리는 이렇게 칸토어가 발판으로 삼았던 내용, 즉 집합의 원소에 대한 정확한 값을 당시 이미 알려진 간단한 식을 사용하여 단번에 계산할 수 있다. 이 식에 따르면, 원소가 x개인 유한집합에서 만들 수 있는 부분집합의 개수는 "2를 x번 곱한 값"이다. 인용된 구절을 기호로 나타내면, 2^x으로 표기한다. 그러므로, 기호를 사용하면, 원소가 두 개인 집합은 2^2(즉, 4)개의 부분집합, 원소가 네 개인 집합은 2^4(즉, 16)개의 부분집합이 있다.

만일, 칸토어가 자신의 발판이 되었던 내용만을 정의하는데 그쳤다면, 그는 우리에게 반드시 무한집합에 이르지는 못하지만 어쨌든 무한집합에 합리적으로 접근할 수 있는 잘 짜여진 처방을 제시한 사람이 되었을 것이다. 그의 업적은 당시는 물론이고 오늘날에도, 무한이란 명사라기보다는 동사라고 주장하는 사람들에게 많은 사랑을 받았을 것이다. 무한이라는 것이 동사라는 말은 무한히 밟아가는 과정을 강조한 것으로 딱히 무어라고 부를 수 없는 실재하지 않는 것이라는 뜻이다. 그러나 칸토어는 자신의 발판을 마련한 후에 무한집합의 실재 존재성에 대하여 긍정적으로 가정하면서 자신의 추론을 계속해서 전개해 나아갔다.

자신의 논리적 체계에서 가장 중요한 역할을 숫자에 배정하기 위해, 칸토어는 1, 2, 3, …의 자연수 집합을 무한집합의 가장 뚜렷한 본보기로 삼았다. 달리 말하면, 그의 이론에서 정수는 동사, 즉 한없이 이어나가는 무한수열로 취급된 것이 아니라, 명사, 즉 실재하는 하나의 무한집합으로 취급한다. 이는 마치 무한에 대한 자신의 관점을 피력할 때 칸토어가 "… 당신의 손바닥에 무한을 담고서"라는 블레이크(William Blake)의 시구가 주는 이미지에 영감을 받은 것 같다.

이에 대한 자신의 시적 상상력을 펼치면서 칸토어는 무한집합의 실재 존재성만 거론한 것이 아니라, 모순되는 것 같지만 자기 자신의 부분과 같은 집합으로 생각할 수 있는 유일한 것으로 무한집합을 그렸다.

이를 설명하기 위해 칸토어는 다시 한 번 정수로 돌아간다. 정수 집합의 원소들은 하나 걸러 모두 짝수라는 사실을 생각해 보자. 비록 무한이지만 짝수들의 집합은 정수라는 무한집합의 크기의 절반일 것이라고 추측하는 사람이 있을지 모르겠다. 그러한 추측은 부분들을 합하면 전체가 되는 유한한 일상 생활의 논리에 들어맞는다. 그렇지만 서로 같은 두 집합에 대한 칸토어의 정의에 따르면, 무한인 짝수 집합은 역시 무한인 정수 집합과 서로 같은 집합이 된다.

물론 칸토어는 문자 그대로 짝수 집합의 원소 하나하나를 정수 집합의 원소와 대응시킴으로써 두 집합이 서로 같다는 것을 보일 수는 없었다. 그러나 그는 간접증명으로서, 그러한 대응의 결과로 한 쪽 집합에만 숫자가 남는 일은 생각할 수 없다고 주장하였다. 각각의 집합에는 무한히 많은 원소가 들어 있기 때문이다. 상당수의 동료 수학자들이 그의 주장에 동의하지는 않지만, 그에게는 전체가 자신의 부분과 동일시되는 패러독스는 불가피한 것으로, 이는 이성의 눈으로 볼 때 무한 영역의 특징이기도 했다. 하지만 그는 적어도 이 패러독스 때문에 자신의 상상력이 무한집합을 넘어 계속해서 나래를 펴는 데 지장을 받지는 않았다.

무한을 향한 하나의 발판을 정의하기 위해 유한집합을 사용한 것처럼, 칸토어는 무한을 뛰어넘기 위해 다시 무한집합을 사용하고 있다. 그의 논리는 전과 같은 논리였다. 즉, 하나의 무한집합이 존재하면 이 집합으로부터 또 다른 집합, 그리고 더 큰 집합을 만들 수 있고, 다시 이들 집합으로부터 또 다른 집합과 더 큰 집합을 만들 수 있고 이를 무한히 계속할 수 있다는 논리이다. 각 단계에서 보다 큰 무한집합은 그 전에 고려했던 무한집합의 부분집합을 모두 고려하여 이들을 원소로 하는 집합이다. 우리는 이전에 사용하였던 것과 같은 식을 사용하여 지금 이야기하는 무한집합들 사이의 관계를 정확하게 진술할 수도 있다. 단지 새로운 기호만 필요할 뿐이다.

칸토어는 "일반적인(ordinary)" 무한집합에 있는 원소의 개수를 나타내기 위하여, 기호 $\aleph_0$(알레프 영으로 읽는다)을 고안했다. 문자는 헤브루어 알파벳의 첫 글자이고 첨자는 0을 나타낸다. 앞의 식에 따라, 정수 집합과 같은 $\aleph_0$집합은 정확하게 부분집합이 $2^{\aleph_0}$ 개인 것으로 생각할 수 있다. 이 수 —2를 $\aleph_0$번 곱한 수— 는 2^4(16)이 4보다 큰 수이듯이 $\aleph_0$보다 큰 수이다. 이 수는 무한을 뛰어넘는 발판이 되는 수로 최초의 초한수(transfinite number, 超限數)인데, 칸토어는 이 수를 $\aleph_1$(알레프 1)이라 이름 붙였다. 다시 원소가 $\aleph_1$개인 집합은 $2^{\aleph_1}$개의 부분집합이 있는 것으로 생각할 수 있다. 이것이 두 번째 발판이 되는 수로 두 번째 초월수인 $\aleph_2$이며, 이 작업을 계속 진행시킨다.

어떤 현실적 기준에 비추어 보더라도, 초한수는 엄청나게 큰 수이다. 은하수에는 약 100억(10,000,000,000) 개의 별이 있고 인간의 몸에는 약 60조(60,000,000,000,000) 개의 세포가 있으며, 우주의 나이는 약 30경(300,000,000,000,000,000) 초이다. 또한, 자연 세계에 있는 가장 큰 수 중 하나인 우주에 있는 양자(proton)의 총 개수를 추정하면 1 다음에 79개의 0이 나오는 수이다. 이들과 비교하여, 0번째 초한수인 $\aleph_0$를 숫자로 표기하는 것이 가능하다면, 그 수는 1 다음에 무한개의 0이 나오는 수이다. 그리고 초한수 $\aleph_1$은 1 다음에 무한 개보다 더 많은 수의 0이 등장하는 수이다. 초한수의 수열($\aleph_0$, $\aleph_1$, $\aleph_2$, $\aleph_3$, …)이 칸토어와 그 외의 사람들에게 칸트가 다음과 같이 묘사한 무한히 계속될 수 있는 우주처럼 보인 것은 그리 놀랄 만한 일도 아니었다.

> 〔성운 모양의〕 별들을 …여러 별들이 모여 이루어진 하나의 체계로 생각하는 것은 자연스러운 일이다. 이들이 바로 우주다. 여기서 좀 더 생각해 보면, 이들은 다시 훨씬 거대한 또 하나의 체계를 구성할지도 모르는데…, 어쩌면 이 체계는 앞의 체계와 같이 다시 새로운 모임들의 한 구성원일 수도 있다. 〔지상에 존재하는〕 우리에게는 이 세계와 체계들 사이에 이루어지는 점진적인 관계 중에서 그 첫번째만이 눈에 띄는데, 이 무한 과정의 처음 단계를 통해 우리는 그 전체를 추론할 수 있다. 그것은 끝이 없는 과정일 뿐….

1874년 칸토어는 유한집합에서 무한집합으로, 그리고 이를 뛰어넘어 서도록 디딤돌 역할을 하는 논제를 발표하였다. 처음에는 많은 수학자들이 그를 비난했다. 몇몇은 그의 결론을 즉석에서 일고의 가치도 없는 것이라 간주하였는데, 그 이유는 무한을 명사처럼 취급하는 플라톤식의 사고 방식에 동의하지 않았기 때문이다. 다른 사람들은 칸토어의 주장에는 논리적 결함이 있는 것으로 생각했다.

그들은 모순이 없도록 하려면 정수의 수열을 다루듯 초한수의 수열도 다루었어야 했다고 주장하였다. 마치 알레프 무한대의 집합($\aleph_\infty$)이 실제로 존재함을 추론하듯 그랬어야 한다는 주장이었다. 그와 같은 집합으로 이제 그는 집합 $\aleph_\infty$보다 더 큰 집합, 즉 초-초한 집합들의 전혀 새로운 수열을 정의하기 위해 자신의 주장을 재순환할 수 있다는 것이다. 이에 대하여 어떤 사람은 헤브루어의 두 번째 문자인 ב(베스, beth)를 딴 이름을 붙여, $ב_0$, $ב_1$, $ב_2$ 등의 새로운 수열을 만들 것을 제안하였다. 이 수학자들은, 일관성 있는 추론을 위해 칸토어가 이 수열을 다루어야 한다고 말했다. 이는 마치 베스 무한대 집합($ב_\infty$)이 존재하며, 따라서 전체의 논리 전개가 계속해서 반복될 수 있음을 뜻한다.

칸토어 자신은 이러한 비평에 조금도 동요하지 않았지만, 오늘날 "절대적 무한(absolute infinite)"을 이야기하는 수학자들이 존재한다. 이들은 그리스어의 마지막 문자인 오메가(ω)를 사용하여 이를 나타내는데, 이를 우리가 생각할 수 있는 가장 큰 무한으로 취급한다. 이 정의 자체를 보자면, 이 때의 무한은 우리가 도저히 상상할 수 없는 무한이 된다. 설혹 우리가 상상할 수 있다 하더라도, 이 때 우리에게 쉽게 떠오르는 무한은 조금 큰 것에 불과할 것이다. 수학자들이 생각해 낸 ω는 우리가 도저히 생각해 낼 수 없는 것을 나타낸 것으로, 이와 같은 관점에서 볼 때 이는 다음과 같이 성 그레고리(St. Gregory)가 묘사한 하느님과 크게 다르지 않다. "하느님에 대한 우리의 생각이 아무리 진전되더라도, 그 분께 다가가지 못하고 단지 낮은 수준에 임할 뿐이다."

그렇지만 결국에는 ω 없이도 칸토어의 집합론이 수학자들 세계에서 지지를 받을 수 있게 되었다. 한 세기가 바뀌어지는 시점에서 가장 훌륭한 수학자 중의 한 사람인 힐베르트(David Hilbert)는 1910년 칸토어의 업적을 "수학적 지성으로 피어난 가장 훌륭한 꽃이며, 인류의 순수 이성적 활동이 이룩한 가장 뛰어난 업적 중의 하나."라고 높이 평가했다. 영국의 수학자이며 철학자인 러셀도 "어쩌면 이 시대가 자랑할 수 있는 가장 위대한 업적"이라고 칸토어의 노고를 칭송하였다.

당시뿐만 아니라 현재까지 지속되는 찬사의 가장 큰 이유 가운데 하나는, 우리가 집합과 그 상등에 관한 칸토어의 생각을 이용하기만 하면, 이전 세대들에게는 그저 상상할 수 없을 정도로 큰 것이라는 단 한 가지 관념으로만 보였던 무한들을 여러 개로 구분하면서 서로 비교할 수 있게 되었기 때문이다. 집합론에서 바라볼 때, 우리 자신의 사고의 폭과 관점의 폭은 무한정 확장될 수 있는 것처럼 보인다. 그 결과 예기치 못했던 새로운 현상들이 쏟아져 나왔다.

칸토어가 발견한 첫번째 놀라운 사실은 무한인 정수 집합이 분수 집합과 서로 같다는 것이다. 이는 정상인이 볼 때 믿어지지 않는 사실이다. 자의 눈금을 보면, 어떤 두 정수 사이에는 무수히 많은 분수들이 그 틈을 메우고 있다. 이 때문에 정수보다 더 많은 분수들이 존재하는 것처럼 보인다. 외관상 그럼에도 불구하고, 칸토어는 하나하나의 분수를 오직 하나의 정수와 짝지워질 수 있음을 증명하였다. 정수의 개수는 $\aleph_0$개이므로, 칸토어의 증명은 분수의 개수도 $\aleph_0$임을 보여 준 것이다.

뿐만 아니라, 칸토어는 무리수(정수 또는 분수로 나타낼 수 없는 소수들) 집합이 정수 또는 분수 집합보다 더 큰 집합임을 보여 주었다. 이 때도 우리는 습관적으로 그 반대의 경우도 참이라고 생각한다. 자의 눈금을 보면, 무한 개의 분수들이 응집된 그 사이에 여러 개는 고사하고 단 하나의 무리수도 자리잡을 것 같지 않기 때문이다. 그렇지만 칸토어의 증명에 따르면, 무한히 가까이 있는 어떤 두 분수 —절대적으로 이웃한(absolutely adjacent)— 사이에도 무한 개의 무리수가 자리잡고 있는데, 이들을 모아 보면 분수와 정수를 합쳐 모아 놓은 것보다도 더 큰 모임이 된다.

대부분의 수학자에게 그 증명은 증명의 결과와 마찬가지로 증명에 사용된 기교 한 가지만으로도 뛰어난 것으로 받아들여졌다. 칸토어는 모든 무리수를(어떤 특별한 순서를 부여하지 않고) 다음과 같이 무한히 계속되는 하나의 표로 나열할 수 있음을 제안하면서 자신의 논증을 시작하였다.

0.17643567⋯

0.23482435⋯

0.62346286⋯

각각의 수의 마지막 부분에는 한없이 계속됨을 나타내는 점들이 필요하다. 왜냐하면 무리수의 정의에 따라 각각의 무리수는 무작위로 선택된 자릿수가 무한히 길게 나열된 수이기 때문이다.

다음 단계에서 칸토어는 각각의 행에 나타난 무리수들을 1부터 시작하는 정수와 짝을 지었다.

1 : 0.17643567⋯

2 : 0.23482435⋯

3 : 0.62346286⋯

칸토어의 증명에서 이 부분의 목적은, 정수와 무리수들을 모두 이와 같은 짝짓기로 연결할 수 있는지 결정하는 것이었다. 만일 그럴 수만 있다면, 무리수의 개수도 정수의 개수와 마찬가지로 $\aleph_0$임을 밝힐 수 있다. 그러나 칸토어는 적어도 하나의 무리수가 위의 표에 들어 있지 않으며 따라서 정수와 짝지워지지 않는다는 것을 발견하였다.

그와 같은 하나의 무리수를 발견하는 데에는 기교가 필요하다. 그것은 첫번째 무리수에서는 첫번째 자릿수를 택하고, 두 번째 무리수에서는 두 번째 자릿수를 택하며 이러한 과정을 무한히 계속하는 것이다. 그 결과 무리수 0.133⋯을 얻을 것이다. 다음에 각 자릿수를 임의로 바꾸는 작업을 한다. 예를 들어 무리수 0.245⋯로 바꾸면 모든 증명은 끝난다. 이 무리수는 첫번째 무리수와는 첫번째 자릿수가 다른 수이고, 두 번째 무리수와는 두 번째 자릿수가 틀린 수이며 이렇게 계속해서 위의 표에 있는 모든 무리수와 비교를 해 본다. 결론을 말하면, 이 무리수는 앞에서 정수와 짝지워진 모든 무리수들과는 다른 새로운 무리수인데, 이로써 정수보다 더 많은 무리수가 존재함을 증명한 셈이다.

그의 증명이 보여 주는 또 하나의 사실은 무한 개의 정수를 한 번에 하나씩 세어 보는 방식을 무리수의 집합에는 결코 적용할 수 없다는 것이다. 정수보다 더 많은 무리수가 있기 때문에 셈으로는 해결할 수 없다는 뜻이다. 자신의 증명에 의한 결론을 인식한 칸토어는 이 두 종류의 무한이 질적으로 다르다는 것을 구분하여 정수(분수도 정수와 같은 개수의 집합이기 때문에 분수) 집합을 가부번무한(countable infinity, 可付番無限)으로, 무리수 집합을 연속체(continuum) 또는 비가부번무한(noncountable infinity, 非可付番無限)으로 불렀다.

칸토어에게는, 정수와 무리수의 전체 개수에 대하여 정확하게 양적 차이를 결정하는 것보다 이와 같이 질적 차이를 구분하는 것이 더 쉬웠을 것이다. 물론 그 전체 개수가 $\aleph_1$보다는 적다는 사실이 확실하지만, 오늘날에도 우리는 아직 얼마나 많은 무리수가 존재하는지 알지 못한다. 칸토어 자신은 무리수의 전체 개수가 정확하게 $\aleph_1$이라고 추측했었다. 그 이유는 집합론에서 $\aleph_1$이 $\aleph_0$ 다음의 큰 무리수이기 때문이다. 그의 추측은 연속체 가설(Continuum Hypothesis)로 알려졌다. 그러나 실제로 무리수의 개수가 $\aleph_0$와 $\aleph_1$ 사이의 어딘가에 있을 가능성은 아직 사라지지 않았다. 분명한 것은 우리 스스로 집합론을 이용하더라도,

아직까지 우리 자신의 상상력이 그와 같은 세세한 구별을 하며 연속체 가설의 참 · 거짓을 판정할 만큼 통찰력 있지 못하다는 사실이다.

칸토어는 집합론과 그의 상등에 대한 이론을 수에만 적용한 것이 아니라 기하학의 점에도 적용하였는데, 그 결과는 자신도 놀라워할 정도였다. 단순히 그는 다양한 차원의 공간상에 있는 점들, 즉 1-D(차원) 직선을 2-D 평면에 다시 이를 3-D 입체 공간에… 등등 하여 이들을 비교하려고 했었다. 이 때 그는 자신이 만들어 낸 알레프(ℵ)들이 어떤 간단한 방식으로(예를 들어 x차원 공간에는 $\aleph_x$ 개의 점들이 존재하는 것과 같은 순서로) 이들의 다양한 개수들을 구별해 줄 것으로 예상하였을 것이다 —어쩌면 희망했을 것이다—. 그러나 그가 증명한 사실은 모든 공간 위의 점들의 개수는 그 공간이 속한 차원과는 관계 없이 항상 똑같은 무한이라는 것이었다.

그는 한 직선 위의 점들은 평면 위의 점들과 수에 의해 짝지워질 수 있으며, 이는 다시 공간 위의 점들과 짝지워지고 이를 계속해 나아갈 수 있음을 증명하였다. 기하학의 점들을 진흙이라고 생각한다면, 칸토어가 보여 준 것은 똑같은 크기의 한 줌의 진흙 덩어리로 어떤 차원이든지 서로 다른 차원의 그릇을 빚을 수 있다는 사실이다. 그가 밝혀 낸 사실에서 한 가지 미흡한 것이 있다면, 여기서 언급하고 있는 점들의 실제 개수가 무리수의 개수처럼 불확실하다는 사실이다.

이는 우연히 발생한 것이 아니다. 한 직선 위의 점의 개수는 수직선(number line, 數直線)으로서 무리수의 개수와 직접 관련되어 있다. 마치 눈금자처럼 보이는 이 수직선은 결국 각 점들이 정수, 분수, 무리수 등의 수와 짝지워진 직선을 말한다. 무리수가 몇 개 있는지 정확하게 모른 채, 우리는 모두 몇 개의 점이 이 직선 위에 있는지 확신할 수 없다. 결론적으로, 현재 우리가 말할 수 있는 것은 어떤 차원의 공간 위에 있는 점의 개수는 언제나 모두 같으며, 정수 전체의 개수보다는 크고 무리수 전체의 개수와는 항상 같다는 사실뿐이다.

칸토어가 또 하나 보여 준 것은 점의 개수는 공간의 크기(size)와는 무관하다는 점이다. 즉, 현재 이 페이지가 나타내는 평면 위에 있는 모든 점의 개수는 이 책의 모든 페이지 위에 있는 점의 개수와 같고 4차원 공간 전체에 있는 점들의 개수와도 같다는 말이다. 그러므로 만일 중세 철학자들이 칸토어의 업적을 알고 있었더라면, 무한대의 차원과 무한대의 크기일 것으로 짐작되는 하늘 나라의 천사들 모두가 원반 모양으로 된 얇은 이차원 평면의 평평한 압정 위에 얼마든지 앉아 있을 수 있다는 사실도 알았을 것이다.

칸토어와 그 이전의 다른 수학자들이 우리에게 남겨 놓았던 풍부한 상상력과 이성의 산물인 무한에 대한 정보는, 우리들을 자신의 손가락만으로 셈을 할 수밖에 없는 버나드 쇼의 부시맨보다 높은 위치로 올려놓았을 뿐만 아니라 필연적으로 이 우주에 대한 이해를 고양시켜 보다 더 향상된 관계까지 끌어올렸다.

얼마 전에 —수천 년 이상 되지는 않았다— 우리는 이 지상에 있는 모든 해변가의 모래알을 셈할 수 있는 숫자를 갖지 못했다. 결국 이는 우리에게 먼 거리에 있는 별까지의 거리처럼 엄청나게 커다란 것이었다. 그 때, 아르키메데스라는 한 수학자가 그 전에는 도저히 상상할 수도 없는 어마어마한 양을 표기할 수 있는 수 체계를 고안해 냈다. 현대의 십진법의 전신이 된 그의 수 표기법으로 아르키메데스는 무수히 많은 그러고도 무수히 많은 양을 셈할 수 있었다. 자신이 쓴 책 〈모래알을 셈하는 사람〉(The Sand Reckoner)에서 실제로 그는 인류 역사상 최초로 이 지상의 바닷가에 있는 모래알을 셈하였다. 더욱 의미 있는 일은 여기서 한 걸음 더 나아가 다음과 같은 추정을 하였다는 점이다. "일곱 번째 계수의 수들의 1000개 모임(오늘날 이는 10^{52}가 된다) 이하의 크기인 우주라는 구(球) 안에 모두 포함되는 모래알의 개수."

그는 이와 같이 우주의 크기를 묘사하면서 "이하(less than)"라는 단어를 쓴 최초의 사람이었을 것이다. 그렇다고 그가 이를 사용한 마지막 사람은 분명히 아닌데, 그 이유는 그 당시로부터 오늘에 이르기까지 한 사람의 수학자가 그렇게 하면 다음 사람이 이어받아 차례차례 인간의 상상력이라는 힘으로 하늘 높이 솟구쳐 올라 인간의 감각으로는 도저히 접근할 수 없는 경지를 교묘하게 손에 넣어 왔기 때문이다. 그들이 목격한 것 때문에 우주 천체가 위축되었는데, 이제는 포프(Alexander Pope, 18세기 영국의 시인—옮긴이)가 우리들에게 내놓은 수사학적 의문에 긍정적으로 반응할 때가 된 것 같다.

광대한 우주를 꿰뚫어 볼 수 있고
여러 세계와 세계가 중첩하여 하나의 우주를 구성하고
하나의 천체는 또 다른 천체에 포섭되는 것을 관찰하며

어떤 다른 유성이 또 다른 항성의 둘레를 돌고
각각의 별에는 어떠한 여러 생물이 살고 있는지 아는 자는
하늘이 우리를 왜 이같이 만들었는가를 알고 있으리라.
그러나 이 세계를 받쳐주는 것과 이어주는 것,
강력한 연결과 세밀한 상호 의존,
정확한 차별화— 이 모든 것들을, 만물에 침투하는 그대 영혼은
꿰뚫어보았느냐? 혹은 부분이 전체를 포섭할 수 있는가?

과거에는 그랬을지 몰라도 이제 더 이상 이 우주가 우리 인간을 지상에 묶어 둘 수는 없다. 우리의 육체적 자아는 유한 영역에 갇혀 있는 신세이지만 상상력은 그렇지 않다는 의미에서, 우리 인간은 유한한 존재이면서 동시에 무한한 존재이다. 칸토어의 상상력이 등장하자 우리의 일부는 아르키메데스의 무한 개념이 쳐 놓은 그물을 뚫고 나와 해방감을 맛보게 되었다. 이제 우리는 생각할 만한 가치가 있는 이 우주의 무한을 넘어서 자유롭게 돌아다닌다.

5. 블랙홀의 발견

- 자연에서 발견되는 무한 -

한 알의 모래에서,
한 송이 야생화에서 이 세상을 보듯이,
당신의 손바닥에 무한을 움켜쥐고
한 시간이라는 짧은 순간에 영겁을 가지소서.

블레이크(William Blake), 결백의 전조(Auguries of Innocence)

수학에서 무한이란 우리가 상상할 수 있는 것보다 더 커다란 그 무엇인가를 지칭하는 단어이다. 그 때문에 무한이라는 것을 명확한 것으로 규정지으려는 생각에 반대하는 수학자들이 상당수 있었다. 이들에게 무한이란 완전한 개념이라기보다는 불완전한 개념을 뜻하기 때문이다. 무한에 대한 이들의 생각은 정수의 수열 1, 2, 3,… 등과 같이 우리가 상상할 수 있는 분명한 개체들이 끝없이 나열된 것이었다.

한편, 또 다른 수학자들에게는 무한이란 것이 하나의 전체로서 온전하고 분명한 개념을 지칭한다. 이를 믿었던 수학자 중에 —수학에서는 아주 다행스러운 일이다— 독일인 칸토어가 있었다. 약 100년 전에 칸토어는 현대 수학에서 매우 커다란 영향력을 발휘하는 집합론이라는 분야를 전개했는데, 여기서 그는 무한이란 완전한 하나의 개념으로서 이성적으로 다룰 수 있음을 가정했었다.

이와 같은 불협화음이 오래 전부터 오늘에 이르기까지 지속되면서 하나의 의문이 제기되는데, 이는 과연 과학자들이 자연 속에 분명하게 내재된 무한에 대한 증거를 확보하고 있느냐 하는 문제이다. 만일 그렇다면, 그와 같은 증거는 최소한 수학자들이 무한 개념의 분명한 존재성을 확립하는 데 물리적 타당성을 제공할 것이다. 반면에, 그렇지 않다면, 완전한 하나의 실체로서 무한을 개념화할 어떤 근거를 갖고 있지 못하다고 주장하는 수학자들이 옳을지도 모른다.

공교롭게도, 완전하고 분명한 개념으로 무한이 존재한다는 주장을 지지하는, 오래 된 것은 물론이고 새로이 발견된 과학적 증거들이 상당수가 존재한다. 여기서 나는 단지 겉으로만 보고 이 우주가 무한이라고 말하는 것이 아니라, 분명한 개체로서 인정할 만큼 충분히 제한되고 집중되어 있는 무한 개념의 증거들을 말하고 있다. 사실상 이 우주라는 것은 정반대의 결론을 뒷받침하는 증거이다. 즉, 무한이란 끝없이 계속되는 과정으로, 그 전체는 우리가 상상할 수 없을뿐더러 더군다나 이를 과학적으로 관찰한다는 것은 불가능하기 때문이다.

한 곳에 집중된 무한(localized infinity)이 구체화된 것 중에서 가장 오래 된 것 중의 하나로 보통 말하는 전자라는 것이 있다. 실험실에서만 연구되던 전자가 일반인들에게 알려진 때는 1897년이었다. 그렇지만, 일찍이 기원전 600년으로 거슬러 올라

가면, 이오니아의 수학자이며 과학자였던 탈레스가 전력을 방출하는 아주 작은 입자를 생각했었다.(그는 한 조각의 호박(琥珀)을 모직물로 문지를 때 발생하는 정전기력의 효력을 연구한 최초의 사람이었다.) 18세기에 접어들면서 우리는 정전기력이 부여된 구(球)의 실험에서 점과 같은 크기의 입자로부터 떨어질수록 전자의 전력은 점점 약해진다는 사실을 알게 되었다. 이러한 종류의 실험으로 가장 잘 알려진 것은 프랑스의 기술자 쿨롱(Charles Coulomb)의 실험이다. 1785년 그는, 전자로부터의 거리가 두 배 멀어지면 전기장(電氣場)의 힘은 1/4만큼 줄어든다는 사실을 발견하였다.

소위 쿨롱의 법칙에 의하여, 우리가 전자를 향해 움직일 때 전력은 점점 강해진다는 사실은 단순하지만 놀랄 만한 것이었다. 특히, 전자와의 거리를 반으로 줄이면 그 전력은 네 배가 된다. 실제로 전자 바로 위에 위치하면, 그 때의 전력은 무한한 힘을 갖게 되는데 이는 수학적 무한의 구현이다. 그리고 무한은 끝없이 팽창하지 않고 하나의 점으로 국한되므로, 이 때가 전자의 집중화된 무한이며, 이 지점에서 전자는 자유롭게 이동할 수 있다.

불행하게도, 우리의 눈은 이러한 물질적 무한을 감지할 수 없기 때문에 가이거 계수(Geiger counters: 방사능 측정기)와 방전 상자(Spark chamber: 하전(荷電) 입자가 튀는 것을 방지하는 장치)와 같은 과학 도구를 사용하여 이들을 감지할 수밖에 없다. (이들 기구들은 전자가 발생하면 찍찍 경보음을 내거나 불꽃이 튀는데, 그와 같은 소소한 절규들이 집중화된 무한의 진정한 모습인가에 대해서는 믿기 어렵다.)

집중화된 무한의 특성을 보여 주는 또 하나의 중요한 예가 있는데, 어쩌면 실제 우리 눈으로 이를 볼 수 있을 것 같다. 그것은 한때 하나의 별로 활동하다가 지금은 다 타버리고 초밀도의 잔해로 남아 있는 블랙 홀이다.

하나의 별이 자신이 갖고 있던(대부분이 수소인) 연료를 소모하고 나면, 그 물질들은 모두 식으면서 검게 된다. 중력으로 인한 내부로부터의 압력을 상쇄하기 위해서 연소할 때 발생하는 외부로부터의 압력이 더 이상 발생하지 않으므로, 그 별은 자신의 무게를 견디지 못하고 붕괴하고 만다. 애시당초 별의 질량이 그렇게 크지 않다면(즉, 질량이 태양 질량의 세 배를 초과하지 않는다면), 어느 정도 붕괴하다가 곧 멈춘다. 대체로 지름이 10-5000마일 사이에서 멈추는데, 이는 비교적 작은 부피에 응집된 질량을 담고 있는 상태를 의미한다(태양의 지름이 800,000마일임을 비교하라). 그러므로 소위 백색왜성(white dwarf star, 白色矮星)과 중성자별(neutron star)이라는 비활동성의 별은 너무나도 엄청난 고밀도여서 한 덩어리 설탕과 같은 크기의 정육면체 모양의 무게가 자그마치 100톤이 나가는 경우도 있다.

이상의 현상은 별의 질량이 처음부터 크지 않을 때 일어난다는 사실을 잊지 말자. 만일 별의 질량이 처음부터 큰 것이었다면, 붕괴 현상은 글자 그대로 한 점이 될 때까지 계속될 것이다. 그 경우 마지막 상태의 질량은 무한이 되는데, 모든 질량이 부피가 0인 상태로 압축되기 때문이다.

집중화된 무한으로서 이렇게 상상할 수 없을 정도의 고밀도인 물체를 블랙 홀이라 부르는데, 그 이유는 인력이 너무나도 강력하여 근처를 지나는 광선까지도 빨려들어가기 때문이다. 어떤 물체(예를 들어, 버려진 인공위성과 같은)가 지구로 끌려들어갈 때에, 이론상으로 이 물체는 충분한 힘을 갖고 벗어날 수 있다. 그렇지만 블랙 홀을 향해 움직이는 물체는 사실상 이로부터 벗어나는 것이 불가능한데, 그 이유는 블랙 홀로부터 벗어나기 위해서는 이 물체가 무한대의 힘을 갖고 있어야 하기 때문이다.

블랙 홀의 영향력은 마치 강력한 진공청소기의 주변과 흡사한데, 바로 이 때문에 최근까지 블랙 홀은 멀리서 검은 구멍처럼 보일 것으로 가정되었다. 즉, 그 자체의 밀도가 무한인 점은 불투명한 지역의 핵심에 자리잡고 있기 때문에 우리가 이를 볼 가능성은 전혀 없다는 주장이다. 집중화된 무한으로부터 방출되는 어떤 빛도 그 곳을 빠져나와 우리 눈에 들어올 수는 없을 것으로 가정되었다. 그렇지만, 지난 몇 년 동안 몇몇 천문학자는 만일 블랙 홀이 빠른 속도로 회전한다면 그것의 불투명성은 사라질 수도 있다는 사실을 이론화하였다. 이에 따라서 내부의 집중화된 무한이 표출되고, 마치 독립기념일에 볼 수 있는 종이 팔랑개비가 우주에 존재하여 굉장한 양의 빛을 발할 수도 있다고 그 과학자들은 말한다.

이것이 참이라면 우리는 집중화된 무한을 볼 수 있는 매우 드문 기회를 만날 수도 있지만, 아직 이 이론에는 몇 가지 의문점이 남아 있다. 지금까지 오직 한 사람의 물리학자(메릴랜드 대학의 조셉 웨버)만이 회전하는 블랙 홀에서 방출되리라고 예상되는 은하계 중심의 방출 현상을 목격했다고 주장한다. 그렇지만, 이 방출 현상을 관찰했던 다른 과학자들은 아직 이를 발견하지 못했다. 현재로서는 회전하는 블랙 홀과 관련하여 아직 이렇다 할 만한 명확한 것이 남아 있지 않은 상태다.

그렇지만, "보통" 블랙 홀의 경우 대부분의 천문학자들은 여러 별 가운데에서 몇몇을 추적했음을 확신하고 있다. 천문학자들은 그 중에서도 특히 보통 별들과 나란히 있는 백조자리의 한가운데 자리잡은 블랙 홀을 확인하였다. 이러한 확신의 근거는 보통 별들의 이탈된 움직임을 연구하던 중 그 근처에 있는 거대한 질량의 물체를 추론할 수 있었기 때문이다 —하지만 아직 직접 눈으로 확인하지는 못했다—. 그들은 보통 별들의 이웃한 물체로 눈에 보이지 않는 이 물체를 블랙 홀이라 결론짓고, 그 이름을 시그너스 X-1(Cygnus X-1)이라 하였다.

보통의 블랙 홀은 최근에 그 크기가 원래 예상했던 것보다 훨씬 작을 것이라고 예측하였었는데, 어쩌면 이미 이를 목격했을지도 모른다. 현대 천문학에 따르면, 어둠 속에 파묻혀 있는 이들 집중화된 무한들은 원자핵의 크기—지름 0.000000000001cm—까지 줄어들어 전자처럼 주위를 마음대로 돌아다닐 수 있다고 한다. 이들 작은 블랙 홀은, 100억 년 전 우주가 형성되던 초창기에 발생한 것으로 믿어지는 엄청난 압력과 온도에 의해 형성되었다고 생각한다. 이들은 그 크기가 매우 작지만 (빙산과 같은 질량으로) 질량이 묵직하기 때문에, 이들이 어떤 물체와 충돌하면 커다란 파괴를 유발할 것으로 여겨진다.

천문학자들이 이 작은 블랙 홀에 대하여 토론을 벌이기 시작한 이래, 중부 시베리아 지역의 퉁구스카에서 1908년 발생한 신비스러운 폭발이 고대에 형성되어 떠돌아 다니던 이들 블랙 홀 중의 하나가 지구와 충돌한 흔적이라고 많은 사람들이 생각하고 있다. 당시 퉁구스카에 살던 주민들은 하늘로 치솟아 오르던 불길이 너무나도 밝아서 "태양 광선조차 어둡게 보였다"고 한다. 물론 퉁구스카에서 진짜 어떤 일이 일어났는지 확인할 길은 없지만, 이론상 작은 블랙 홀도 상당한 양의 에너지를 방출하는데, 이를 계산하면 작은 원자폭탄의 폭발과 맘먹는 위력이다.

전자나 블랙 홀과 같은 집중화된 무한들은 과학자들이 특이성(singularity, 特異性)이라 부르는 것들이다. 이미 우리가 보았듯이, 이들은 공간에서(몇몇 경우에는 시간에서) 점들로 나타나는데, 이때 몇몇의 물리적 양은 그 크기가 무한이다. 그러므로 이들의 존재는, 무한이란 것을 마치 어떤 하나의 전체로 명확한 것이라 생각할 만한 합리적 근거가 없다는 주장을 일축하게 만든다. 원칙적으로 특이성이란 당신의 손바닥에 놓을 수 있는 무한을 가리킨다. 실제로 전자의 경우에는 손바닥 피부에만도 수조 개나 존재하고 있다.

물리적으로 존재하기 때문에 그 존재성을 수학을 통해 개념적으로 옹호하는 것이 별로 마땅치 않을지도 모른다. 그러나 물리적 특이성의 존재를 인식함에 있어서, 우리는 무한의 거대함을 상상하는 데 좀더 어떤 진전을 이룩했다고 말할 수 없다. 다만, 결과적으로 우리는 그와 같은 거대함이, 잘 정의되지 않은 경계선도 없이 한없이 팽창하기만 하는 무한개념으로부터 명확한 경계를 가지며 전체로서 하나의 양으로 인식되는 무한개념을 정당화하는 데 좀더 발전할 수 있게 되었다.

비록 과학자들이 전자나 블랙 홀과 같은 특이성에 대한 증거를 확보하지 못했다 하더라도 무한을 하나의 전체로서 명확한 개체로 언급할 수 있게 만드는 중요한 하나의 확증을 갖고 있는데, 이는 우리가 처음으로 무한을 생각하고 이름 붙이며 그 세세한 성질에 대하여 토론하기 시작한 이래로 우리 주변에 맴돌던 증거물이다. 무한을 완벽하게 품 안에 갖고 있는 가장 오래 된 증거는 우리의 의식 그 자체이다. 무한이란 것이 전자나 블랙 홀의 크기와 비교할 때 비교적 넓은 공간을 차지하면서 우리의 의식 세계에 존재하지만, 그래도 의식이란 것은 이들보다 특이성이란 면에서 더하면 더했지 못 하지는 않기 때문이다.

6. 창조하는 현실

- 추상 수학의 응용 -

성직자 중의 성직자인 상상력은
발견되지 않은 우주를 모은다.
벽옥의 잔에 담긴 보석과 같은

존 데이비슨(John Davidson),
바다를 담고 있는 접시가 있다.(There Is a Dish to Hold the Sea)

그리스의 철학자 플라톤은, 우리의 머리로 생각할 수 있는 그 어떤 것이든 모두가 이 우주의 어딘가에 존재한다고 믿고 있었다. 영국의 철학자 존 로크를 포함하여 18세기 유럽의 지식인들도 이 견해를 지지하였고, 따라서 이들은 인어를 보았다는 소문이나 상상력으로 지어낸 다른 괴물의 존재를 당연히 믿을 수밖에 없었다. 존재할 수만 있다면 그것은 어디엔가 반드시 존재해야 한다는 이 생각은 충실성의 원칙(principle of plenitude, 고대 그리스 시대 이래로 서구 사상에 지대한 영향을 미친 우주관인 존재의 대사슬(Great Chain of Being)은 우주의 특징으로 충실성, 연속성, 계층성의 세 가지를 가리킨다. 이 때, 충실성의 원리는 어떤 가능한 존재도 자기모순적이지 않는 한 현실적이기 때문에 이 우주는 존재의 다양성을 보여 주는 '가득 찬' 것이라는 뜻—옮긴이)으로 알려져 있다.

오늘날의 관점에서 보면, 이는 일반적으로 우리가 상상하는 사물에 대한 매우 애매모호한 가설이라 할 수 있지만, 수학적 상상력이 만드는 대상은 논증이 가능한 진실이다. 그래서 이들 중 상당수는 인어가 그러하듯 모든 면에서 색다를 수밖에 없다. 충실성의 원칙이 수학의 모든 분야에서 입증되어 왔지만, 대수학(수 사이의 산술적 관계에 대한 연구)만큼 명쾌하게 드러난 곳은 없을 것이다. 지난 4세기 동안 대수학자들이 이상 야릇한 새로운 종류의 수와 마주칠 때마다, 실재하는 그 어떤 것을 기술하는데 이를 적용할 수 있다는 사실을 과학자들이 발견했기 때문이다. 충실성의 원칙을 입증하는 이 증거는 그만큼 주목받을 만했다. 왜냐하면 흔하지는 않지만 수학적 사고는 현실과는 관계 없이 합리성을 가장 중요하게 여기는, 장난 삼아 이루어지는 풍부한 상상력을 지닌 사람의 생각에서 비롯되기 때문이다. 그러므로 수학자가 고안해 낸 세계와 현실 세계와의 광범위한 일치는, 단순히 현실을 묘사하려는 그의 목적을 달성한 결과는 아니다.

수학자들은 대수학에서 덧셈, 뺄셈, 곱셈, 나눗셈의 사칙연산을 통해 수들이 관련되는 모든 방식에 대한 연구를 그 목적으로 한다. 예를 들어, $3+4=7$과 같은 단순한 덧셈 관계를 연구하면서 대수학자들은 정수에 정수를 더하면 항상 정수가 된다는 사실을 증명하였다. 그들은 이를 정수는 덧셈에 관하여 닫혀 있다라는 방식으로 진술하고 있다. 한편, 그들은 이를 $x+y=z$로 간단히 표기하는데, 이 때 사용된 문자들은 정수를 의미한다.

이처럼 대수학자들은 수 대신에 문자를 사용하는데, 이러한 방식이 수 전체의 집합에 통용되는 산술적 관계를 정확하게 표현해 주기 때문이다. 이 관계식에서 $x+4=6$과 같이 한 문자를 제외하고 모두 특정한 숫자를 대치하게 되면, 문자 x는 미지수가 된다. 이 때 대수학자는 방정식을 만족하는 오직 하나의 정수인 이 미지수를 구해야 한다.

$x+4=6$은 가장 간단한 대수방정식 가운데 하나로, 우리 대부분이 암산으로 충분히 풀 수 있는 식이다($x=2$가 해이다). 더 복잡한 방정식은 그리 쉽게 풀려지지 않아서(예를 들어, $x^3+x^2+3x+4=96$을 만족하는 정수해를 발견하는 문제, 해는 $x=4$), 여러 해 동안 대수학자들은 그 풀이법을 찾는 데 많은 시간을 보냈다.

16세기를 되돌아보면, 어떤 대수 방정식에서는 x가 다른 종류의 수를 나타내고 있음을 대수학자들이 오래 전부터 알고 있었지만, 그럼에도 불구하고 그들은 양수의 존재만 인정했었다. 예를 들어, 방정식 $x+3=2$에서 x는 -1을 의미한다. 지금부터 400년 전의 대수학자들은 현재 음수라고 하는 수를 매우 불가사의한 수로 여겼었다. 양수는 조약돌이나 종이 위에 씌어진 표시처럼 구체적으로 쉽게 개념화할 수 있었지만, 음수의 경우처럼 17세기 프랑스의 철학자이며 수학자였던 데카르트(René Descartes)가 투덜거렸듯이 "아무것도 없는 것보다도 작은" 것을 나타내는 대상을 수학적 존재로 삼기는 쉽지 않았기 때문이다.

음수에 대하여 논리적으로 사고할 수 없었으며 어떤 개념적 모델도 없었던 대수학자들은 음수를 더하거나 빼고 곱하거나 나눈다는 것에 어떤 의미가 있는지 이해할 수 없었던 것이다. 그 때문에 음수를 대수 연구에 적합한 대상으로 인식하지 못했었다. 대수 방정식에서의 그 존재는 마치 언어에서 무의미한 단어처럼 큰 의미를 갖지 않는 것으로 받아들여졌다.

18세기 말이 되어서야 비로소 대수학자들은 사칙연산을 음수에 어떻게 적용할 수 있는지 알 수 있게 되는데, 이는 나중에 빚의 개념과 결합한다. 예를 들어, 당신의 은행 계좌에 음의 값 $10가 있다면 이는 그 금액만큼의 빚이 있다는 의미이다. 음의 값 $10를 빼는 것은 양의 값 $10를 더하는 것과 같은데, 1770년 스위스 수학자 오일러가 언급했듯이 "빚을 취소하는 것은 같은 금액의 선물을 주는 것과 같기" 때문이다.

대수학자들은 음수의 곱셈 방법도 고안하였는데, 이는 생활 주변의 일로 쉽게 설명할 수 있다. 예를 들어, 어떤 선거에서 두 종류의 투표, 즉 양의 투표와 음의 투표가 있음을 생각해 보자. 양의 투표자는 실제로 투표권을 행사하여 선거에서 찬성표를 던져 양의 영향력을 발휘하는 사람을 말한다. 음의 투표자는 투표권이 있지만 투표하지 않는 사람으로, 이들도 선거 결과에 음의 방식이나 간접적인 방식으로 영향력을 행사한다.

이 예가 음수의 곱셈 규칙에 어떻게 관련되는지 알아보기 위하여 찬성 투표에는 양의 10점을, 반대 투표에는 음의 10점을 부여하자. 어떤 주장에 지지 의사를 표시하는 방식에는 두 가지가 있는데, 하나는 찬성하는 투표자가 실제로 찬성 투표를 하는 것이고 다른 하나는 반대하는 사람이 투표를 하지 않는 것이다.

첫번째 방식은 보통 행해지는 양수끼리의 곱셈을 보여 준다. 즉, 찬성 의견인 다섯 사람(+5)이 실제로 찬성 투표를 하면 (각각 +10점) 그 주장은 총 양의 50점(5×10)을 얻는다.

두 번째 방식은 음수끼리의 곱셈을 보여 준다. 반대 의견인 다섯 사람(−5)이 모두 반대 투표를 하지 않았다면(각각 −10점), 이런 방식으로도 그 주장은 간접적이지만 총 양의 50점(−5×−10)을 얻는다. 결국, 이 점수는 다른 방식으로는 얻을 수 없었던 50점의 지지점수가 된다.

요약하면, 양수 곱하기 양수에서처럼 음수 곱하기 음수의 결과도 언제나 양수이다. 이 규칙은 종종 부호법칙이라 하는데, 음수와 관련된 모든 연산규칙 중에서 사람들을 가장 의아하게 만들었던 법칙이었던 것 같다. 한 예로 오든(W.H. Auden)은 부호법칙에 대한 자신의 짜증을 단 두 줄로 표현하였었다.

> 음수 곱하기 음수는 양수인데,
> 왜 그런지 이야기하지 말자.

그렇지만 일상 생활의 언어에서 우리 대부분이 이중부정에 낯설지 않듯이, 부호법칙도 실제로는 그렇게 신비스러운 것이 아니다.

1930년 영국의 과학자 디랙(P.A.M. Dirac)은 음수 개념을 자신이 연구하던 핵물리학의 이론에 적용하여 음의 물질 또는 오늘날 부르는 이름으로 반물질(antimatter)의 개념을 이끌어 냈다. 특히, 디랙은 음의 전자에 비길 만한 새로운 기본 입자의 존재를 예견하였다. 그의 이론에 따르면, 이 입자는 전자와 같은 질량이

지만 음이 아닌 양의 전하를 갖기 때문에, 전자에 가까이 위치하면, 두 입자는 즉각 소멸되고 만다.

디랙은 자신의 이론에 등장하는 이 입자를 양전자(positron)라고 이름 지었는데, 바로 위의 설명이 양전자의 가장 독특한 성질이다. 즉, 양전자가 음의 성질을 갖는 자신의 짝과 결합한다면, 예를 들어 전자와 같은 보통 입자에서는 어떤 일이 발생할 수 있는지에 대하여 디랙의 추측은 매우 멋진 추측이었다. 이는 마치 양수 10을 음수 10에 더할 때, 그 결과가 0인 것과 같다. 1932년, 디랙의 예견은 미국의 물리학자 앤더슨(C.D. Anderson)이 자신의 구름상자(cloud chamber, 고속 원자나 원자적 미립자가 지나는 자취를 보는 장치—옮긴이)에서 양자의 자취를 확인하자 완벽하게 입증되었다.

그 이후 실험실에서 행한 수많은 실험을 통해 양전자의 존재를 확인하였고, 양성자와 중성자를 포함하여 다른 모든 원자핵 소립자들의 음의 짝을 발견하였다. 그 결과, 이제는 음수가 대수영역에서 그러하듯 반물질도 자연 세계에서 하나의 중요한 부분으로 인식되고 있다. 어떤 이유에서인지는 몰라도 반물질은 일상적 환경에서는 뚜렷하게 자신의 존재를 드러내지는 않지만, 원자핵 수준에서는 상당히 많은 존재를 확인할 수 있다. 한편, 어떤 천문학자는 온통 반물질로 이루어진 별과 은하계가 이 우주를 모두 뒤덮고 있을지 모른다고 추정하기도 한다.

오늘날, 반물질이 수학 세계의 음의 속성을 구현한 것이라는 점에 대하여 과학적 이론이 동의하고 있지만, 이 때 음의 속성이 정확하게 무엇이냐는 설명에 대해서는 서로 의견이 다르다.

디랙의 이론에 따르면, 그 설명은 에너지와 관련이 있다. 양의 에너지를 갖는 양전자의 존재는 음의 에너지를 갖는 전자가 존재하지 않음을 구체적으로 보여 주는 것이라고 디랙은 설명하고 있다. 다른 말로 표현하면, 아무런 소리가 들리지 않을 때 양의 방향으로 고요하다고 하는 표현처럼 양전자는 양의 방향으로 의미 있는 존재이다.

노벨 상을 수상한 미국의 물리학자 페인먼(Richard Feynman)은 반물질이 갖고 있는 음의 속성을 시간과 관련하여 설명하고 있다. 특히, 시간상 앞으로 운동하는 양전자는 시간상 뒤로 운동하는 전자와 물리적으로 동일하다고 페인먼은 말한다. 여기서 앞은 양의 방향과 결합된 것들, 뒤는 반대 방향, 즉 음의 방향과 결합된 것을 의미한다.

기술적 측면에서 페인먼의 아이디어가 나름대로 장점이 있지만, 과학자들은 이 두 이론 중 어느 것을 최종 선택하느냐는 문제에 대하여 경험적으로 아직 충분한 증거를 확보하지 못했다. 그럼에도 불구하고 이 두 이론은 수량적으로 음의 개념을 사용하고 있기 때문에, 반물질 입자는 수학자들이 생각하는 음수가 구체화된 것이라고 말하는 것이 정확하다.

16세기 대수학에서 음수의 위상을 19세기 미술에서 칸딘스키가 그린 '건초 더미(haystacks)' 라는 작품에 비유할 수 있다면, 16세기 대수학에서 허수의 위상은 20세기 미술에서 피카소의 입체파에 비유할 수 있다. 허수는 양수도 아니고 음수도 아닌 수이다. (건초더미는 프랑스의 화가 모네(Claude Monet)의 작품으로 인상파의 대표적인 작품으로 알려져 있다. 한편, 칸딘스키는 모네와 비슷한 시기의 러시아 화가로 현대 회화에서 처음으로 순수추상 작품을 제작한 인물이다. 필자는 건초 더미를 칸딘스키의 작품으로 혼동한 것 같다.—옮긴이) 그렇지만, 이 수도 음수처럼 대수 방정식 풀이 과정의 이곳 저곳에서 대수학자들에게 자신의 모습을 드러내고 있었다.

"x 곱하기 x는 4"($x \cdot x = 4$) 또는 "x의 제곱은 4"($x^2 = 4$)와 같은 평범한 방정식을 살펴보자. 이 방정식은 x가 4의 제곱근 또는 2일 때 성립한다. 2는 자신과 곱했을 때 4가 되는 수이다. 대수학자의 전문용어로 나타내면, 4는 2의 제곱($4 = 2^2$)이고 역으로 2는 4의 제곱근($2 = \sqrt{4}$)이다.

"x를 제곱하면 음수 1"($x^2 = -1$)이라는 식은 x가 음수 1의 제곱근($\sqrt{-1}$)일 때 성립하지만, 이 수는 양수도 아니고 음수도 아니다. 이 방정식의 x는 제곱하면 음수(-1)가 되는 수인데, 양수를 제곱하면 항상 양수이므로 이 수는 양수가 아니며, (부호법칙에 의하여) 음수를 제곱하여도 항상 양수이므로 이 수는 음수도 아니기 때문이다.

이 사실을 알고 있던 16, 17세기의 대수학자들은 $\sqrt{-1}$ 이 어쩌다 우연히 만난 이치에 맞지 않는 얼토당토않은 수라는 것 이외에는 어떤 종류의 수로 생각해야 할지 매우 곤혹스러운 입장이 되었다. 데카르트는 $\sqrt{-1}$ 과 다른 음수의 제곱근을 "허수(imaginary number)"라고 하였고, 독일의 수학자 라이프니츠는 이 수를 "성령의 황홀한 비행(a wonderful flight of God's spirit)"이라고 하였다.

이들 수수께끼같은 명칭들이 당시 수학자들의 머리로 생각할 수 있는 유일한 표기였는데, 그 이유는 허수에 대하여 어떤 식으로든지 논리적으로 사고하는 방식을 터득하지 못했기 때문이다. 뿐만 아니라 허수에 대한 어떤 개념적 모델도 없는 상황에서 제대로 알고 있지도 못한 이 수를 더하고 빼고 곱하고 나눈다는 것이 과연 무엇을 의미하는지, 이를 이해하는 것은 불가능했다. 이러한 관점에서 볼 때, 이 허수가 대수학에서 또 하나의 의미 있는 영역을 차지할 것으로 믿을 근거는 전혀 없었다.

그 후, 1797년 노르웨이의 측량가 베셀(Casper Wessel)이 이 수들을 개념화하는 방법을 발견하자, 비로소 대수학자들은 실수(양수와 음수를 함께 부르는)와 어깨를 나란히 하는 허수의 적절한 위치를 인식할 수 있게 되었다. 그 핵심은 허수를 수학적으로 실수와는 다른 차원의 존재로 생각하는 것인데, 이를 다른 말로 표현하면 실수는 가로축 위에, 허수는 세로축 위에 놓인 좌표로 생각하는 것이다.

이렇게 간단한 모델을 염두에 둔 베셀은, 허수를 대수학에 포함하기 위해 덧셈, 뺄셈, 곱셈, 나눗셈의 의미를 확대하는 방법을 발견할 수 있었다. 예를 들어, 실수를 허수와 결합하는 것은 두 실수를 더하는 것과는 다르다. 그것은 세로축의 좌표와 가로축의 좌표를 결합하는 것과 비슷한데, 그 결과는 양적 합산이 아니라 표면상의 한 점의 좌표가 된다.

지구의 표면이나 지도상의 각 점은 세로축과 가로축의 좌표에 의해 결정된다. 따라서 베셀의 개념에 따르면, 실수와 허수 사이의 대수적 관계는 각 점이 세로축 위에서 정해지는 허수와 가로축 위에서 정해지는 실수의 쌍으로 결정되는 지도와 같은 가설적 평면으로 완벽하게 이해할 수 있다. 베셀은 이러한 수학적 평면을 복소 평면이라고 이름지었다.

베셀이 신의 계시와도 같은 이론을 창안한 지 수백 년이 지나서 아인슈타인과 그의 동료들은 시간과 공간에 대한 자신들의 연구에 허수 개념을 적용하였다. 그 결과물 중의 하나가 특수 상대성 이론으로, 시간과 공간은 우주 천체의 위도와 경도와 같이 물리학상 두 개의 서로 다른 차원으로 단정할 수 있다. 이는 우주에서 어느 점의 공간적 그리고 시간적 위치가 주어지기만 하면 그 점의 위치를 완벽하게 결정할 수 있다는 것을 의미한다. 적어도 상대성 이론 중의 이 부분은 상식적 경험과 일치하는데, 우리가 누군가와 만나려면 항상 시간과 장소를 확실하게 정하는 것과 같은 이치이다. 이 이론에 따르면 우주 천체에 대한 지도로 유일하게 정확한 것은, 실수 척도를 따라 정해지는 공간(또는 세로축)의 차원과 허수 척도를 따라 정해지는 시간(또는 가로축)의 차원이 있는 지도이다.

이 사실은 우주 천체가 대수학자의 복소 평면을 물리학적으로 구현하였음을 보여 주는 것으로, 상대성 이론을 검증하기 위해 실행된 모든 실험에서 이를 확증해 주었다. 1905년 아인슈타인이 특수 상대성 이론을 최초로 발표한 이래, 실험실에서 행한 측정으로, 이 우주는 움직이는 시계가 정지하고 있는 시계보다 더 천천히 똑딱거리는 곳이며, 따라서 사물은 자신의 운동 방향을 따라 오그라든 것처럼 보인다는 사실을 입증하였다. 그런데, 이는 우주의 특성으로 이 우주가 수학적 복소평면의 구현임을 그대로 보여 주는 것이라고 아인슈타인은 설명하였다.

이제 허수를 포함하여 이집트 시대 이래로 연구되어 왔던 전통적 대수학은 그 자체로서 독립적인 학문이 되었다. 즉, 양수, 음수, 허수가 함께 어울려 단일 민족과 같은 하나의 대수학으로 자리잡았다. 우리는 이들을 전통적인 수(traditional number)라고 부를 것이다. 만일 당신이 두 개 또는 그 이상의 전통적 수를 더하거나 빼고 곱하거나 나누어도 그 결과는 항상 전통적인 수이다.

그렇지만, 이 사실이 1797년 허수에 관한 베셀의 발견 이래 대수학이 정체되었다는 것을 의미하는 것은 아니다. 1800년대 초 이래, 대수학자들은 전혀 새로운 종류의 대수학을 창안해서 다루기 시작했고 그 결과 너무 많은 추상 대수학이 등장하였으며 이들은 모두 그 자체로서 독립된 대수학이 되었다. 각각의 추상대수학에서 전통적인 수들은 추상적 수로 대치되었는데, 전통적 수와 이 수들의 유일한 유사성은 어떤 논리적 방법을 사용하여 그 자체 내에서 독립적으로 사칙연산을 마음대로 할 수 있다는 점이다. 잠시 동안 동물을 분류할 때 마치 서로 다른 인종이 하나의 종으로 분류되는 것처럼, 양수, 음수, 허수는 하나의 대수학에 속하는 원소라고 생각하자. 그렇다면 다양한 종류의 추상적인 수들은 전통적인 수와 물론 서로간에도 다를 수밖에 없는데, 이는 마치 코끼리나 기린 또는 캥거루가 인간과는 다르다는 것과 같은 의미이다.

또한 1840년 이후 대수학자들은 여러 종류의 추상 대수학을 뛰어넘어 "초추상(super abstract)" 대수학이라는 것을 생각하게 되었는데, 여기서 이를 살펴보겠다. 전통적인 그리고 추상적인 수에서는 두 수를 곱할 때 곱셈의 순서가 문제되지는 않는다. 어떤 순서를 택하더라도 그 결과는 항상 같기 때문이다. 예를 들어 2×3은 6이고 3×2도 6이기 때문이다. 이러한 대수적 성질의 수들은 교환법칙이 있다고 한다. 전통적이고 추상적인 수에서는 교환법칙이 성립한지만, 초추상적인 수에서는 그렇지가 않다. 우리 대부분이 당연하다고 생각하는 수의 성질이 성립하지 않으면, 그 수들은 수에 대한 우리들의 공통 경험과는 동떨어질 수밖에 없다.

전통적 수처럼 이들 여러 종류의 추상 그리고 초추상 대수학들도 현실 세계를 묘사하는 데 성공적으로 적용되어 왔기 때문에, 대수학적 사고에 의해 이루어진 창조물에 관해서는 충실성의 원칙이 기정사실로 받아들여지고 있다.

예를 들어, 행렬이라는 한 종류의 초추상적인 수는 과학자들이 아원자(subatomic, 양자, 전자 등의) 물리학을 기술하기 위해 필요로 했던 것들임을 정확하게 입증해 주었었다. 행렬은 1860년 영국의 수학자 실베스터(James J. Sylvester)와 케일리(Arthur Cayley)에 의해 동시에 만들어졌다. 약 60년이 지나서, 독일의 물리학자 하이젠베르크(Werner Heisenberg)는 행렬을 배우자마자 이들을 사용하여 아원자 수준의 물질이 어떤 운동을 하는지에 대한 완전한 이론을 만들어 냈다.

하이젠베르크의 이론은 양자역학 이론으로 알려져 왔는데, 이론이 전개되고 나서 수십 년 동안 대부분의 과학자들은 그 예견을 검증하는 수많은 실험을 통해 이론의 신뢰성을 확인할 수 있었다. 그의 이론은 아원자 영역에 대한 혁신적인 논제들로 꽉 채워졌는데, 이들은 각각 행렬이 지녔던 몇몇 대수적 성질과 관련되어 있다. 예를 들어 행렬의 비교환성과 관련된 논제는, 측정 행위로 야기되는 간섭이 측정 대상을 변화시킬 만큼 의미 있을 정도면 둘 또는 그 이상의 측정에서 순서가 문제일 수 있다는 것이다. 행렬에서도 둘 이상의 곱에서 곱셈의 순서에 따라 그 결과가 다르게 나온다. 이는 마치, 잔에 있는 포도주 맛을 보고 나서 무게를 측정한다면 이 두 가지의 측정 순서를 반대로 했을 때와 다른 결과를 얻는 것과 같은 이야기이다.

과학자들은 신중하게 측정하기만 하면 자연 세계를 손상시키지 않고 제대로 관찰할 수 있다고 양자역학 이전에는 믿고 있었다. 사실상 자연 세계의 많은 영역에서 그러했다. 예를 들어 우리가 공통적으로 경험한 바에 따르면 의사가 먼저 심장 박동을 들은 후 체온을 측정하느냐 또는 순서를 반대로 하느냐는 것은 결코 중요한 문제가 아니었다. 과학자들은 교환법칙이 적용되는 이와 같은 종류의 측정을 기술하기 위해 전통적인 수를 사용하였다.

그렇지만, 양자역학의 이론에 따르면, 아원자 세계에서 측정하는 과학자 자신들의 관찰에 의해 야기되는 간섭을 완전히 제거하는 것은 원칙적으로 불가능하다. 이 명제는 하이젠베르크의 불확정성의 원리(uncertainty principle)라고 하는데, 행렬의 비교환성이 물리학적으로 구현된 것이다. 다른 말로 하면, 자연 세계의 비밀로 통하는 문이 너무나도 작아 우리의 뚱뚱한 몸집으로는 이를 통과하기 어렵다는 뜻이다.

충실성의 원리는, 그 증거가 대수학에서뿐만 아니라 다른 수학 분야에서도 나타나는데, 이들을 결합해 보면 마치 수학적 상상력이 인간의 감각 중에서 여섯 번째 감각인 것처럼 보인다. 따로따로 떨어진 단 몇 개의 수학적 아이디어만이 물리학적으로 구현되었음을 알아냈다 하더라도, 이는 단순히 우연의 일치에 불과할 수도 있다. 그렇지만, 사실상 그러한 일치는 대단히 의미 있는 것으로, 독일의 수학자이며 물리학자인 노벨 상 수상자 비그너(Eugene Wigner)는 이를 두고 현실 세계를 묘사하는 데 "수학은 터무니없을 만큼 사실적이다"고 말했다.

우리는 어쩌다 감각으로 느낄 수 있는 대상을 묘사하는 그러한 아이디어들만을 창조하는 것 같지는 않다. 오히려, 수학적 상상력이야말로 우리가 자연 세계를 감지할 때 사용하는 잉여의 또 다른 감각인 것 같다. 그리고 이 감각은 매우 효력 있는 감각이기도 하다. 그것은 종종 과학적 감각을 사용하기 훨씬 이전부터 현실 세계를 지각하고 있었기 때문이다. 이런 식으로 생각한다면, 자연 세계와 수학적 세계 사이의 일치는 자연의 세계와 청각, 촉각, 후각 세계 사이의 일치보다 더 이상 신비스러운 것은 아니다. 그러한 일치는, 단 하나의 현실을 놓고 그것의 다양한 측면을 우리의 모든 감각이 지각할 수 있다는 한 가지 이유 때문에, 우리의 감각들이 서로를 보완한다는 상식을 뒷받침해 주는 증거가 된다.

수학적 상상력을 육감으로 생각한다면, 일반적으로 인간의 상상력은 하나의 감각으로 간주되어야 하지 않을까 하는 것이 자연스러운 나의 추론이다. 만일 그러하다면, 우리는 인어, UFO, 유령, 그 외 상상으로 빚어진 다른 창조물을 언젠가는 발견할 것이라고 예상할 수 있다. 그렇다면 또 한 번, 이것들은 실제로 존재하지 않는 것을 우리가 보았다고 믿게끔 종종 현혹시키는 육감이 잠시 탈선한 것일지도 모른다. 만일 후자가 맞다면 특히 수학적 상상력에 대하여 그 무엇인가가 —예를 들면, 합리성— 있어 가공의 존재를 생각하지 못하게 할지도 모른다. 그런데 이는 수학적 창조물이 현실적으로 존재하는 것으로 증명될 확률이 높다는 사실을 말해 주고 있다.

만일 이 수학적 육감이 존재한다면, 모든 동물의 감각처럼 종족으로서 살아남기 위해 진화되었다는 것을 현대의 생물학자들이 확실하게 밝혀 줄 것이다. "현실 세계를 …. 인식하는 것은 생물학적인 필연이다."고 프랑스 생물학자이며 노벨 상 수상자인 야곱(François Jacob)이 언급했다. 만일 수학적 상상력이 우리의 육감이라면, 대수학의 전통적, 추상적, 초추상적 수들은 단순히 대수학자들만의 장난감이 아니고, 이들로 인해 우리 주위의 세계를 보다 정확하게 인식할 수 있게 해 주는 인류의 적자생존을 위한 도구인 셈이다.

7. 대칭도 추상이다

- 군론 -

호랑이, 호랑이
밤의 숲 속에서 밝게 불타고 있는,
어떤 불멸의 손이나 눈이
너의 그 무시무시한 좌우대칭의 형상을 빚었을까?

블레이크, 경험의 노래(Songs of Experience)

만일 외계인들이 지구상에 있는 도시 건축물들을 보았다면, 인간이란 본질적으로 시각적인 존재구나 하고 생각했을 것이다. 아치형의 출입 통로라든지 또는 거울이나 스테인드 글라스 또는 미늘살 등 여러 형태의 창문으로 설계된 빌딩 내부의 하나하나가, 건축가들이 빌딩의 외관을 얼마나 중요시하는지 보여 주기 때문이다. 이와 더불어, 지구상의 건축물의 형태에서 가장 주를 이루는 것이 대칭성이라는 사실도 파악했다면, 인간이란 심미적으로 매우 세련된 존재들이라고 추측했을 것이다.

우리가 자연이 이룩한 건축 양식을 관찰할 때도 같은 결과를 얻을 수 있다. 우리 주위에 있는 지구와 우주를 호기심을 갖고 관찰하는 우리 모습이 외계인과도 같기 때문이다. 처음에 우리는 오감(五感)에만 의존하는데, 이 때에 눈에 보이는 불가사리의 대칭성에서 귀에 들리는 새소리의 대칭성에 이르기까지 자연 세계의 특징으로 드러난 대칭성에 주목한다. 그렇지만 우리는 지난 150년 동안 지성에 의해서만 감지될 수 있는 추상적 대칭에 대한 감각도 익혔다. 대칭성을 연구하는 수학인 군론을 통해 이 감각을 얻었는데, 이로써 자연은 그 전의 어느 때보다 더 욱더 대칭인 모습과 심미적인 자태를 드러내었다.

일반적으로 군론은 역사상 매우 비극적인 인물인 갈루아(Évariste Galois)가 창조한 것으로 알려졌다. 그는 성격이 매우 급한 프랑스인으로, 자신이 표현하듯 "행실 나쁜 바람둥이 여자"를 사이에 두고 무모한 결투를 벌여 스물두 살의 나이로 세상을 떠났다. 그는 17살이던 1829년 5차 대수방정식의 해법에 대한 최초의 논문을 작성하는데, 결국 이 주제를 시작으로 직접 군론의 세계로 들어갔다.

대수학은 수의 관련을 연구하는 수학의 한 학문이고, 대수방정식은 그 관계를 나타내기 위해 사용하는 수단이다. 대수학에서의 방정식을 영어에서의 문장으로 생각한다면, 방정식의 근은 형용사와 일치하며 5차 대수방정식은 형용사가 다섯 개인 문장으로 생각할 수 있다.

대수 방정식에서 우리는 모든 차수의 방정식을 생각할 수 있는데, 수학자들은 그 차수에 따라 방정식을 분류한다. 형용사의 개수가 한 문장에서 표현하고자 하는 사고의 복잡성을 반영하는 것과 같이, 대수방정식의 차수는 나타내고자 하는 수의 관계에 대한 복잡성을 반영한다. 갈루아가 관심을 가졌던 수의 관계는, 이를 완전히 표현하려면 반드시 근이 다섯 개인 복잡한 방정식이었다.

자신이 쓴 최초의 논문에서 갈루아는 무엇보다도 방정식의 근을 구하는 체계적인 방법을 찾는 데 주력하였는데, 그 전까지 대수학자들은 중구난방식으로 근을 구할 수밖에 없었다. 이는 마치 사전 등의 도움도 없이 모든 형용사를 구사해야 했던 것에 비유할 수 있다.

이미 그 전까지 여러 사람이 노력한 결과 낮은 차수의 방정식의 근을 구하는 체계적인 절차를 발견할 수 있었다. 예를 들면, 바빌로니아인들은 2차방정식의 근을 구하는 절차를 이미 알고 있었고, 3차 및 4차방정식의 해법을 구하는 절차도 1500년대에 이탈리아의 수학자들인, 페로(Scipione dal Ferro), 폰타나(Niccolo Fontana), 페라리(Lodovico Ferrari)에 의해 개발되었다. 그러나, 그 이후 아무도 5차 그리고 그 이상의 차수에 대한 방정식의 근을 결정하는 정돈된 수학적 방법을 발견하지 못했다.

갈루아가 쓴 최초의 논문은 뛰어난 것이었지만 헛된 노력만 기울인 결과가 되었다. 그리고 2년 후 그는 역사적으로 두 가지 의미 있는 발견을 이룩한다. 5차 이상의 방정식을 구하는 체계적인 절차(즉, 대수적 해법—옮긴이)는 존재하지 않는다는 사실과 몇몇 방정식은 대수학의 영역을 벗어난 수를 그 근으로 한다는 사실을 발견한 것이다. 오늘날 이 수들은 초월수(transcendental number)라 하는데, 이는 앞에서 우리가 비교한 대수학과 영어의 예를 들면 외국어로 된 형용사에 비유할 수 있다.

갈루아의 두 번째 발견은, 어느 일정한 수준을 벗어나는 복잡한 사고를 단 하나의 형용사로 적절하게 묘사하는 것이 어렵다고 말하는 것과 비슷하다. 이 말이 어떤 사람들에게는, 예를 들어 여러 언어로 시를 쓰는 시인과 같은 사람들에게는 별로 따질 것도 없는 자명한 이치로 들릴지 모르겠다. 그러나 적절한 단어(Le mot juste)를 떠올리기 위해 애쓰지만 흔히 실패로 그치고 마는 우리 같은 사람들에게는 적어도 그럴 듯한 얘기로 들린다.

어쨌든, 군론의 창시자로 갈루아를 떠오르게 하는 것은 그가 발견한 이 부분이 수학적으로 큰 의미가 있기 때문이다. 그가 주목한 것은 5차방정식의 근들이 모두 대수적인 수인가 또는 아닌가에 따라 이들이 서로 바뀌어지면 다른 형태로 나타난다는 사실이었다.

이들이 모두 대수적인 수라면, 이들을 바꾸어 놓아 만든 새로운 방정식에서도 처음 방정식에서와 마찬가지의 대수적 의미를 갖기 때문이다. 이는 문장 "그녀는 튼튼하고, 불타오르듯 화려하고, 부유하고, 사치스럽고, 사교적인 여인이다."에서 형용사를 재배열하여 만든 새로운 문장도 나름대로 완벽하게 의미있는 문장이 되는 것에 비유할 수 있다. 반면에 몇몇 근이 초월수이면 이를 바꾸어 놓았을 때 대수적으로 터무니없는 식이 되고 만다. 다음 문장을 보자. "He is a robust, flamboyant, wealthy, extravagant, Belgian man.(그는 튼튼하고, 불타오르듯 화려하고, 부유하고, 사치스러운 벨기에 남자이다.)" 이 때, "Belgian"을 다른 형용사 중의 어떤 위치에 놓는다면 부정확한 문장이 될 것이다.

갈루아의 삶은 너무 일찍 마감되었기 때문에 자신이 발견한 것에 함축된 사항을 상세하게 전개할 수 없었지만, 현재 우리는 그의 발견이 대칭 개념과 밀접하게 관련되어 있음을 인식하고 있다. 군론에서 가장 주요한 특징인 이 관련성은 추상적인 것으로, 이는 불가사리를 관찰할 때 추론되는 공간에서 서로 대칭인 다섯 개의 점으로 설명할 수 있다.

이제 하나의 팔이 위쪽을 향해 곧게 뻗어 있는 불가사리를 생각해 보자. 불가사리를 0도, 72도, 144도, 216도, 288도만큼 회전시키면, 위쪽을 향하여 곧게 뻗어 있는 처음과 같은 모양의 불가사리라고 어떤 수학자가 우리에게 알려 줄 것이다. 이와 같은 불가사리의 성질은 그 모양이 대칭이라는 사실에서 직접 추론된 결과인데, 군론을 연구하는 사람들은 이를 "회전군에서 불변"이라고 말한다.

이제 우리가 불가사리의 팔에 1부터 5까지 번호가 부여되어 있다고 생각한다면, 회전군에서 불변인 각만큼 회전하는 것은 그 팔에 부여된 번호를 교환하는 것이라고 추상적으로 표현할 수 있다. 예를 들어 불가사리를 72도만큼 회전하는 것은 다음과 같이 번호가 바뀌는 것으로 생각할 수 있다. 1은 2로, 2는 3으로, 3은 4로, 4는 5로, 5는 1로 바뀐다. 이와 같이 추상적으로 표현하면, 불가사리의 대칭성은 '회전군에서의 불변'이 아니라 '수의 변환군에서 불변'이라고 말할 수 있다.

이와 같은 추상적 의미로 말할 때, 우리는 군론에서 수의 변환을 대칭과 관련짓는데, 갈루아가 발견한 대수적 근은 결국 수의 관계를 불가사리에서 살펴본 것과 같이 대칭성으로 인식하는 것과 같은 의미이다.

군론에 따르면, 이러한 관계는 모든 근이 대수적 수(즉, 초월수가 아닌)가 되는 5차 대수방정식에 의해 나타나는 관계와 동일하다. 군론에 따르면, 추상적 의미에서 그와 같은 수의 관계는 팔이 다섯 개인 불가사리의 대칭성을 갖게 되는데, 그 이유는 다섯 개의 근을 서로 바꾸어 놓아도 그 관계를 나타내는 방정식의 대수적 의미를 변화시키지 않기 때문이다. 요약하면, 불가사리가 그러하듯 5차방정식에서 그 나름대로 서로 수를 바꾼다 하더라도 서로 불변이기 때문에 불가사리와 같이 대칭이 된다.

한편, 초월수를 포함하는 근을 갖는 5차 대수방정식으로 드러나는 수의 관계는 결코 대칭이 아니다. 이들은 팔이 아무렇게나 달려 있는 불가사리와 같다. 그러한 불가사리는 처음에 위로 향해 곧게 뻗은 팔이 하나 있다 하더라도, 이를 아무리 회전해 보았자 결코 똑같은 모양이 될 수는 없다. 완전히 한 바퀴를 회전해야 원래의 모양으로 되돌아간다. 대칭성의 관점에서 보면 그러한 불가사리는 회전군에 의해 또는 같은 표현으로 변환군에 의해 불변성을 가질 수가 없다.

군론에 따르면 초월수를 포함하는 근으로 드러나는 수의 관계는 앞에서 우리가 다루었던 가상의 불가사리와 같이 비대칭이다. 유일한 차이점은 후자의 비대칭성은 쉽게 볼 수 있지만, 전자의 비대칭성은 그것이 가상적인 것은 아니지만, 오직 군론을 이해해야만 감지할 수가 있다는 사실이다.

이 사실은 군론에 특별한 의미를 부여하는데, 이를 통해 과학자들은 자신들이 오감(五感)만으로 자연을 관찰할 때, 그 심미적 대칭성에 얼마나 무감각하게 되는지 알게 되었다. 군론 덕택에 그들은 어떤 사물을 기술하는 수학 방정식만 살펴보더라도 그 사물이 대칭인지 아닌지 인식할 수 있게 되었다. 일반적으로, 방정식에 대한 어떤 성질이 변환군에 의해 불변이면, 그 방정식이 나타내는 것은 그것이 구체적이건 또는 추상적이건 간에 그 어떤 것이든지 대칭일 수밖에 없다.

군론을 이용하면 물리학자들이 자신들의 이론을 원자에 적용할 때의 다양한 대칭형을 그릴 수가 있다. 그들의 이론에 따르면, 원자는 구, 동심구, 아령, 요요 장난감과 그 밖의 다른 대칭인 사물과 같은 형태를 한 전자 안개(electronic fog) 속에 싸여 있는 핵이다.

이와 유사하게 화학자들은 군론을 이용하여 분자 수준의 대칭성을 시각화하는 데 이용하였다. 예를 들어, 그들은 분자의 형태만이 그것의 물리적 성질에 영향을 준다는 사실을 발견하였다. 정육면체의 대칭성이 있는 분자들은 피라미드의 대칭성이 있는 분자들과는 맛과 냄새에서 다른 분자이다.

군론이 보여 주는 무수한 초감각적인 통찰력 중에서도 가장 주목할 만한 것은 우주 그 자체의 대칭성을 우리에게 보여 준다는 사실일 것이다. 그 대칭성이란 쉽게 관찰할 수 있는 시간과 공간의 대칭성으로, 이는 감각을 통해서 얻을 수 있는 것이 아니지만, 그렇다고 하여 우리 스스로가 우주 전체를 본다고 멀리 우주에서 떨어져 있는다 하여도 얻어지는 것이 아니다. 군론에 따르면, 이는 운동량과 에너지 보존법칙에 관련되어 있다.(운동량은 물체의 운동과 관련된 물리적 양이다.) 우주 전체에서 성립하는 것으로 물리학자들이 믿고 있는 이 법칙은 우주 전체의 운동량과 에너지의 전체 양은 우주 전체에서 일어나는 모든 변화에도 불구하고 결코 감소하거나 증가하지 않는다.

군론의 용어로 이를 표현하면, 에너지와 운동량의 보존 법칙은 대칭성의 물체인 우주가 갖고 있는 불변 성질이다. 만일 우리가 어느 순간의 우주에 있는 에너지와 운동량의 총합을 구할 수 있는 방정식을 사용한다면, 그 총합은 결코 순간순간마다 변하지 않는다는 사실을 발견할 수 있을 것이다. 다른 말로 한다면, 우주는 어느 순간의 식의 값과 다른 순간의 식의 값을 교환하여도 그 어떤 것도 변하지 않는 그러한 세계이다. 군론에 따르면 변환에 의한 이러한 불변성이 우주가 어떤 추상적 의미에서 대칭임을 의미한다.

우주의 대칭성과 같은 문제들을 주시할 수 있는 능력은 필연적으로 자연 법칙의 작용이 빚어내는 아름다움에 우리들을 인도하는 효과가 있다. 설혹 그러한 작용이 우리 눈에 그다지 심미스럽게 느껴지지 않는다 하더라도 어쨌든 우리는 그 아름다움에 접하게 된다. 그래서 군론은, 외계인들이 사는 세계에서도 우리 자신들을 단순한 관찰자가 아닌 예술가로 거듭나게 하는 구실을 하고 있다. 우리는 우리 자신이 만든 대칭인 건축물에서 그러하듯 자연의 대칭에서도 기쁨을 발견한다. 만일 헤세의 시구에서처럼 우리들이 "운율을 모르는 시인, 붓을 들지 않은 화가, 소리를 모르는 음악가"라면 이 세상은 얼마나 싱거운 세상이 되겠는가. 나는 여기에다 다른 하나를 덧붙이고 싶다. 우리 자신들이 군론을 모르는 수학자라면 이 세상은 얼마나 싱거운 세상이 되겠는가라고.

8. 다양한 가능성이 있는 세계

- 차원 -

수평선도 우리의 시야를 넓혀 주지는 못한다.

레이몬드(Rossiter Raymond)
칭찬의 기도(A Commendatory Prayer)

"그래, 맞아. 그렇지만 그 사람은 일차원적 인간에 불과해…"

최근에 나는 어느 칵테일 파티에서 성공한 한 사업가를 노골적으로 격하하는 이 같은 비난을 엿들었는데, 이 비난을 들으며 곧 에보트(Edwin A. Abbott)의 공상 세계인 이차원 세계(flatland)를 연상하였다. 상상 속의 이차원 세계에서조차 일차원적 존재는 정말 모욕적인 언어이다. 직선들과 같은 일차원적 사물의 실체는 존재하는 것처럼 느낄 수 없기 때문이다. 다른 모든 것들이 어떤 종류의 것이든 이차원 다각형인 경우에는 더욱 그러하다.

나 자신도 그 사업가를 일차원으로 한정시키는 데는 주저했을 것이다. 경험상 어떤 사람이나 사물을 좀더 잘 알면 알수록 그 사람이나 그 사물이 좀더 복잡해지는데, 이를 다른 말로 나타내면 새로운 다른 차원의 세계가 떠오르게 된다는 뜻이다. 차원이라는 것이 관찰자의 눈에서 비롯된다는 사실을 보여 주는 또 다른 증거가 있다. 심리학자들은 밑이 훤히 들여다 보이는 유리 바닥을 기어가는 유아들이 밑에는 가파른 낭떠러지가 펼쳐져 있어도 그 위를 기어서 넘어갈 때 결코 주저하지 않는다는 사실을 알고 있다. 높이를 지각할 수 없는 유아들이기 때문에 높이에 대한 공포감이 있을 수 없다는 말이다. 그들의 세계는 분명히 2차원의 세계여서, 그 세계가 확대될 때에만 비로소 이 세상을 3차원과 4차원으로 정확하게 인식할 수 있을 것이다.

인류 역사의 전개 과정을 보더라도 자연 세계를 인식하는 발전 과정에는 우주까지 세상을 확장하면서 그에 따라 차원의 수도 증가하였음을 알 수 있다. 그렇지만, 그 동안 우리의 지각 발달은 차원 문제에 대한 수학적 사고의 발달보다 늘 뒤쳐져 있었다. 후자의 경우, 오늘날의 수학자들은 무한 차원의 세계라든가 분수 차원의 물체라는 용어를 사용하는데 결코 머뭇거리지 않고 말할 수 있는 수준까지 진화되어 왔다. 이러한 진화의 상당 부분이 지난 수백 년 동안에만 이루어졌기 때문에, 지금부터 100년 정도 지나면 차원이나 또 다른 측면에서 이 우주가 얼마나 광대하게 우리 앞에 그 모습을 드러낼까 자못 궁금해진다.

2천년 전 그리스인들은 이 우주를 3차원으로 인식하였는데, 그들의 감각과 유클리드 기하학이 이 인식을 지속하고 있었다. 그들은 오늘날 우리가 보는 것과 같은 시각으로 자신들의 주변을 보았는데, 그것은 다름아닌 길이와 폭과 깊이가 있는 물체로 꽉 들어찬 세상을 말한다. 따라서 그들이 이들 물체를 포함하는 세상 전체도 길이와 폭과 깊이를 갖고 있다고 생각하는 것은 극히 자연스러운 일이었다.

유클리드는, 차원(dimension)이라는 용어를 사용하여 길이와 폭 그리고 깊이와 같은 성질에 수학적인 의미를 부여하였다. 유클리드 기하학에서 직선은, 길이라는 단 하나의 성질이 있고 그에 따라 직선은 전형적인 일차원적 사물로 정의된다. 평면은, 길이와 폭이라는 성질이 있으며 전형적인 이차원적 사물로 정의된다. 마지막으로 입체는 길이와 폭 그리고 깊이라는 세 가지 성질이 있으며 삼차원적 사물의 모델로 정의된다. 그러므로 유클리드 시대의 수학은 보편적 상식과 조화를 이루며 삼차원 세계에 대한 고대 그리스인들의 생각을 뒷받침하였다.

유클리드 이후 여러 세대를 거치면서도 이 세계는 계속해서 삼차원으로 인식되었다. 사차원에 대한 어떠한 생각도 수학적으로는 터무니없다고 깨끗이 무시되었다. 한때는 알렉산드리아 시대의 위대한 천문학자 톨레미조차 사차원에 대한 생각을 믿지 않았다. 공간에서 서로 수직하는 세 직선을 그리는 것은 가능하지만 그와 같은 네 번째의 축을 그리는 것은 불가능하다는 것이 그의 설명이었다.

그럼에도 불구하고 사차원적 존재에 대하여 생각하는 사람들이 나오는 것은 막을 수 없었다. 그렇지만 이에 대한 수학적 또는 논리적 기초를 확립하기 전까지 그러한 주장은 신비주의의 성향을 보일 수밖에 없었다. 17세기 중반 영국의 철학자 모어(Henry More)는 유령이 존재하며, 그 유령은 4차원 세계에 살고 있다는 주장을 펴면서 정도를 멀리 벗어났다. 그러한 주장들에는 과학적 신뢰성이 결여되어 있었기 때문에, 전부터 계속해서 널리 퍼져 있던 유클리드의 삼차원 세계에 대한 생각에는 지속적인 영향력을 발휘할 수 없었다.

이 생각에 대한 편견은 모어가 살았던 시대에도 여전히 지속하고 있었기 때문에, 사차원의 수학적 가능성을 도입하는 방식으로 유클리드 기하학의 용어를 확장했었던 프랑스의 수학자 데카르트도 결국 그러한 가능성은 비현실적이라며 스스로 포기하고 말았다.

기하학에 대한 데카르트의 접근은 유클리드와는 다른 방식이었는데, 그는 길이, 폭, 깊이에 의존하지 않고 그 밖의 다른 것에 의해 선, 평면, 입체의 차원에 대한 정의를 내렸다. 그가 창시한 해석기하학 이론에 따르면, 어떤 사물의 차원은 그것을 나타내기 위해 필요한 좌표의 개수와 상관관계가 있다. 예를 들어, 하나의 선은 일차원인데, 그 이유는 오직 하나의 좌표만을 사용하여 이를 나타낼 수 있기 때문이다. 하나의 선을 도로라고 생각하면, 선 위에 있는 모든 점 또는 길 위에 있는 모든 집은 단 하나의 숫자로 유일무이하게 표시하여 구별할 수 있다. 평평한 지구에 비유할 수 있는 하나의 평면은 이를 나타내기 위해서 두 개의 좌표가 필요하기 때문에 이차원이다. 즉, 평면 위의 각 점은 지구상에 있는 각각의 위치와 마찬가지로 위도와 경도처럼 두 개의 숫자로 유일무이하게 표시하여 구별할 수 있다. 같은 방법으로 하나의 입체가 삼차원인 이유는 이를 나타내기 위하여 세 개의 좌표가 필요하기 때문이다.

차원에 대한 데카르트의 정의는 그 당시 매우 중요한 의미가 있었는데, 그 까닭은 유클리드의 정의보다 더 잘된 것이기 때문은 아니었다. 그 이유는 유클리드의 정의가 질적인 데 비해 데카르트의 정의는 양적이었고 우리의 감각적 경험보다는 논리적 사고 능력에 더 근거를 두었기 때문이다. 유클리드가 형태의 질(길이, 폭, 깊이)에 대한 파악에 의존했다면, 데카르트는 해석적 과정(다차원화된 지도작성법과 흡사한 과정)의 논리에 대한 파악에 의존하였다.

만일 데카르트의 해석기하학 이론이 감각적 경험과 유클리드식 사고에서 벗어난 시대에 탄생했었다면, 수학자들은 사차원 물체에 대한 논리를 만장일치로 인정했을 수도 있다. 당시의 수학자들이 그 물체의 실재를 나타내기 위해서 네 개의 좌표만을 필요로 한다는 인식만 할 수 있었다면 그랬을 것이다.

이러한 추론은 논리적이긴 하지만, 그것만으로는 보이지 않는 것의 존재 가능성을 인정하기 꺼려했던 당시 수학자들의 저항을 극복하기에 사실상 역부족이었다. 톨레미가 설파한 것과 같은 주장들이 설득력 있는 것으로 계속해서 인정되었으며, 그 결과 수학적 사차원 개념을 해석기하학에 적용하려는 시도는 데카르트 자신은 물론이고 그의 세대를 비롯하여 다음 몇 세대를 거칠 때까지 이루어질 수 없었다.

1854년 독일의 젊은 수학자 리만(Bernhard Riemann)은 유클리드 기하학과 데카르트의 해석기하학을 좀더 확장하였는데, 그때가 되어서야 비로소 사차원의 개념이 수학적으로 인정받으며 연구되기 시작했다. 그가 전개한 미분기하학(리만의 스승인 가우스가 오륙년 앞서 만든 학문)에서 리만은 데카르트의 좌표에 대한 정의를 사용하여 차원을 말하였지만, 이의 적용을 소홀히 하지 않고 그 개념을 상세하게 전개해 나아갔다.

리만은, 유클리드 기하학 이외에 다른 기하학이 존재하며 이 기하학들은 0차원에서 무한대 차원까지 모든 정수 차원의 세계를 기술한다는 사실을 명쾌하게 증명하였다. 이제 유클리드가 기술한 삼차원 세계는, 같은 논리로 볼 때 여러 경우 중의 하나이며 다소 무미건조한 것이라는 사실을 밝힌 것이다.

4-D 세계에서는 3-D 세계에서보다 더 많은 일들이 가능하다. 4-D 세계의 사람에게는 3-D에서 일어나는 일들이 마치 우리가 2-D 영화에서 벌어지는 장면을 볼 때처럼 평면적이고 갇혀 있는 것처럼 보일 것이다. 역으로 사차원 세계는 3-D 사람이 감지할 수 없는 것 같이 보이는데, 이는 마치 3-D 세계를 2-D 영상 위에 펼치는 것에 비유할 수 있다. 사차원에서 3-D 세계로 들어가는 어떤 것도 그것이 어느 곳에서 오는지(모어가 말한 유령이 살던 저승세계!) 알 수 없는 것처럼 보인다. 이는 4-D사람이 3-D 세계를 관찰하려 할 때 잘 눈에 띄지 않는 것을 의미하는데, 마치 그들은 어떤 영화관의 관객이 되는 셈이다. 이들이 좀더 깊이 있는 영상을 만끽하려면 4-D 안경을 쓰고 감상할 필요가 있다.

리만 수학이 기술하는 다른 세계는 유클리드나 데카르트의 세계처럼 결코 평범한 의미의 공간적인 세계가 아니다. 리만에 따르면, 감지할 수 있는 공간에서만 수학적 차원을 언급할 필요가 없다. 단지 순수하게 논리적으로 개념적 공간을 언급할 수 있으면 족한데, 그는 이를 다양체(manifold)라 불렀다. 이와 같이 추상을 향한 상상의 도약을 하며 리만은, 데카르트가 길이, 폭, 깊이의 물리적 관념에 의존했던 유클리드 기하학으로부터 그러했던 것처럼 기하학의 해방을 이룩했던 것이다.

그 이후로 다양체는 부수적으로 몇 가지 함축된 기술적 의미를 얻었지만, 아직도 일반적으로는 어떤 영역에든, 그것이 주식 시장이건 경제학이건 또는 인간이건 간에 적용될 수 있으며, 그것이 기술하는 바는 리만이 그렇게 부르기를 선호했듯이 다면적 또는 다차원적이다. 이전 세대의 기하학자들에게 "공간(space)"이란 은하계, 별, 행성들로 채워져 있는 친근한 영역만이 배타적으로 관련되어 있었지만, 오늘날의 기하학자들에게 "공간"이라는 단어는 "다양체(manifold)"를 뜻하는 것으로 그 의미가 확장되었다

여기서 강조해야 할 사항은 리만의 업적이 단순히 의미론적 혁명만은 아니라는 점이다. 예를 들어, 다차원의 다양체로서 주식 시장을 언급할 때, 수학자들은 이를 문자 그대로 기하학적 공간으로 생각하고 있는데, 이 공간에서 사물은 어떤 수학적 정리에 따라 행동한다. 기하학적 공간의 차원은 주식 시장의 움직임을 지배하는 요인들의 개수와 정확하게 일치한다. 잠시 동안 주식 시장이 단 하나의 요소, 예를 들어 여자의 치마의 길이에만 의존한다고 가정할 때, 수학적으로 우리는 이를 1-D다양체로 나타낸다. 이 사실이 의미하는 바는 다른 그 무엇보다도 어느 한 시점에서 주식 시장의 상태가 단 하나의 수(치마단의 길이)에 의해 나타낼 수 있으며 1-D 다양체 위에 있는 어느 한 점으로 설명될 수 있다는 것이다.

이와 같은 방법으로 생각하면, 하나의 인간은 엄청난 수, 어떤 사람은 무한 개라 말할지도 모를 그러한 수의 차원을 갖는 다양체이다. 대체로 우리들의 행동은 헤아릴 수 없이 다양한 갖가지 요인들에 의해 영향을 받는다. 낯선 사람을 보고 미소를 지을 것인가를 결정하는 극히 단순한 행동도 전날 밤의 수면량, 그날의 시간, 당시 배우자를 향한 감정, 자신의 확실한 직업, 낯선 사람의 용모 등등 너무나도 광범위한 요인 혹은 차원들에 따라 결정된다. 그래서 가장 복잡한 우리 행동의 어느 것은 전체 모집단 중의 세세한 상황에 따라 변할 수 있다는 사실이 터무니없는 것만은 아니다.

그러므로 우리는 사회학자들을 동정해야 한다. 그들의 업적이 자연과학자들의 업적과 비교할 때 매우 불쌍하게 보이는 이유 중의 하나는, 그들이 하는 일이 더 어렵고 어쩌면 불가능할지도 모른다는 단 하나의 이유 때문이다. 인간을 엄청난 고차원의 기하학적 세계라 생각한다면, 이를 수학적이고 과학적으로 완벽하게 기술하려는 시도는 우리의 3-D 전체 공간을 기술하려는 비슷한 노력을 하찮은 것으로 치부하겠다는 도전이다.

그러므로 자연과학자들이 자신들의 이론을 담으려 하는 엄청난 그릇인 이 우주도 주위에 있는 것 중에서 가장 최소 차원의 다양체에 불과하다. 아인슈타인에 따르면, 이는 한때 누구나 그렇다고 생각했던 3-D가 아니라 4-D 다양체이다. 차원에 대한 정의를 자유롭게 만든 리만 덕택에, 아인슈타인은 1915년 삼차원 공간과 시간이라는 또 하나의 차원을 갖는 기하학적 세계를 본따서 정밀하게 모델화된 것이 이 우주라고 결론 내렸다.

만일 리만이 차원의 정의를 길이, 폭, 깊이의 순수한 공간적 의미를 벗어나서 일반화하지 않았었더라면 그와 같은 주장은 어떤 수학적 의미도 갖지 못했을 것이라는 점을 강조하고 싶다. 시간이라는 차원은 이들과는 성질이 다르다. 즉, 어떤 공간적 도구로 측정될 수 있는 것이 아니기 때문이다.

아인슈타인에 따르면 우주는 공간과 시간의 4-D 다양체인데, 그 이유는 (리만의 용어로 말하면) 이를 나타내기 위해서는 세 개의 공간 좌표와 하나의 시간 좌표가 필요하기 때문이다. 각각의 점은 위치를 결정하는 세 개의 수와 시간을 결정하는 하나의 수에 의해 유일무이하게 결정된다. 이는, 우리가 어떤 사람을 만나고자 할 때 반드시 시간과 장소를 결정해야 함을 전문적인 용어로 표현한 양식이다. 장소는 항상 세 개의 분리된 정보(예를 들어, 지구상에 5번가와 56가)를, 시간은 하나의 정보(예를 들어, 정오)를 포함한다. 그렇다면, 어떤 의미에서 아인슈타인은 톨레미가 우주의 공간이 오직 세 개의 좌표축만 수용한다고 했을 때 이것이 전적으로 틀린 말이 아니라는 사실을 증명한 셈이다.

아인슈타인에 따르면 사차원 중의 하나는 시간이므로 사차원의 우주는 앞에서 기술했던 순수하게 공간적인 4-D 세계와 같은 것은 아니다. 그러한 세계에는 시간은 존재하지 않고, 따라서 우리가 알고 있는 운동에 대한 개념은 전혀 있을 수 없다. 순수한 4-D 세계에는 한 사람이 모든 위치에서 동시에 존재하게 마련이다. 그렇지만, 여기서 말하는 공간과 시간의 4-D 세계에는 한 사람이 특정한 시간의 어느 위치에 항상 존재하여, 그가 움직일 때에는 한 장소에서 다른 장소로 최대한의 속도로 운동하는 제한을 받게 된다.(우주에서 최대 속도의 절대값의 한계는 진공 상태에서 빛의 속도로 초속 약 186,000마일이라고 과학자들이 발견하였다. 물론 우리의 속도는 그보다 훨씬 작은 속도로 제한 된다.)

이 우주가 사차원이며 여기에는 여러 종류의 차원과 다양한 차원의 수가 존재한다는 사실을 인식하는 데 무려 두 세기 이상을 보냈지만, 우주 안의 다른 여러 가지의 차원은 전혀 정수가 아니라는 사실을 인식하는 데는 약 60년이라는 또 다른 세월이 걸렸다. 그리고 다시 한 번, 또 한 사람의 수학자가 이 가능성에 우리의 관심을 집중시켰다.

1975년 IBM의 만델브로(Benoit Mandelbrodt)는 앞선 여러 수학자들의 산만한 업적을 통합하고 재해석하여 $\frac{3}{4}$-D, $1\frac{1}{2}$-D 등등의 분수 차원을 정의하는 것이 수학적으로 가능하다는 것을 보였다.

만델브로는 리만 이후 약 60년이 지나서 독일 수학자 하우스도르프(Felix Hausdorff)가 제안한 차원의 정의를 사용하여 자신의 논문을 전개하였다. 하우스도르프에 따르면, 현재 이 면과 같은 보통 평면은 그 넓이를 계산하기 위해 두 수(길이와 폭)를 곱해야 하므로 이차원이다. 같은 방법으로 정육면체의 설탕 조각과 같은 보통 입체의 부피를 계산하려면 세 수(길이, 폭, 넓이)를 곱해야 하므로 삼차원이고, 등등…. 단순한 이 규칙을 따라 0-D부터 무한대-D까지 생각할 수 있는 기하학의 모든 도형을 분류하는 것이 가능하다고 하우스도르프는 믿었다.

그렇지만, 만델브로는 과거의 수학자들이 이러한 방법으로 분류되어야 마땅한 도형을 무시했었다는 사실을 깨달았다. 그는 자신이 생각한 그러한 도형의 예로 영국 해안과 같은 자연현상을 근거로 한 다음과 같은 예들을 들었다. 그 둘레가 영국의 섬을 따라 형성된 해안과 같이 울퉁불퉁한 사각형을 생각해 보자. 하우스도르프에 따르면, 그와 같은 사각형은 2-D인데 그 이유는 길이와 폭을 곱하면 넓이를 구할 수 있기 때문이다. 그렇지만, 만델브로는 이 경우에 하우스도르프의 처방이 말하기는 쉽지만 실제 적용하는 것이 더 어렵다는 사실에 주목하였다. 즉, 이 직사각형에서 적절한 가로와 세로의 길이가 얼마인지 결정하는 것이 어려우며, 이 사실은 이 직사각형이 정수 차원의 도형이라기보다는 전형적인 분수 차원의 도형이라는 패러독스로 귀착되었다.

멀찌감치 떨어져서 볼 때, 직사각형의 변들은 "까마귀가 날아간 흔적"과 같이 매끄럽게 이어진 것처럼 보여서 가로와 세로의 길이가 각각 일직선 거리로 10마일과 20마일이라고 쉽게 말할 수 있을 것 같다. 하우스도르프의 처방에 따르면, 직사각형의 넓이는 200제곱마일이다.

그렇지만 좀더 가까이 다가가서 보면, 직사각형의 변들이 들쭉날쭉한 것이 쉽게 눈앞에 보일 것이다. 자동차를 타고 해안선을 따라가면, 변의 길이가 10마일과 20마일보다 상당히 더 긴 거리라는 것을 발견한다. 자동차 주행기록계의 판독으로 짐작하건대, 가로의 길이는 15마일에 가깝고, 세로의 길이는 거의 30마일에 이르는 것을 발견할 수 있다. 분명히 이는 앞의 것보다 더 정확한 측정치이고, 하우스도르프의 처방에 따른다면 직사각형의 넓이는 약 450제곱마일이라고 엄청나게 과대 평가하는 결과를 낳는다.

지동차로 측정한 직사각형의 가로와 세로 길이의 측정치는 해안선의 들쭉날쭉한 부분을 놓치지 않고 모두 기어가는 작은 벌레가 측정한 측정치보다는 훨씬 더 부정확하다. 만델브로는 "이론적으로 우리는 처음에는 쥐를, 다음에는 개미를 동원하여 그와 같은 곡선을 좀더 세밀하게 따라갈 수 있다. 이렇게 동원된 물체들이 걸어간 자취가 해안선과 같아지면 같아질수록 그 길이는 한없이 증가할 것이다"고 말했다. 그런데 이 때 하우스도르프의 견해에 내재되어 있는 패러독스가 있으니, 그것은 가로 세로의 측정치가 더 정확하면 정확할수록 넓이의 측정값은 더욱더 불확실하게 된다는 점이다.

하우스도르프의 분류 체계에 잘 들어맞지 않는 이와 같은 예들은 만델브로가 자신의 연구에서 처음부터 하우스도르프의 정의를 이들까지 모두 포함할 수 있도록 확장해야 한다는 사실을 제시해 주었다. 이 목적을 달성하기 위하여 그가 한 노력은 하우스도르프의 차원 체계에서 발생하는 단절을 분수 차원에 대한 수학적 이론으로 채우는 것이었다.

만델브로는 직사각형과 같은 기하학적 대상의 경우에 두 수의 곱이 넓이라는 것을 고집하지 않는다면 패러독스는 피할 수 있음을 발견하였다. 그의 이론에 따르면, 사각형의 넓이를 구할 때 패러독스가 발생하지 않는 정확한 처방은 두 수를 곱하는 것이 아니라 하나의 수에 다른 수의 제곱근을 곱하는 것이다. 이는 실제로 사각형이 1.5-D 물체임을 뜻한다.(여기서 어떤 수의 절반이란, 즉 0.5는 그 수의 제곱근을 가리킨다. 유사하게 삼분의 일은 세제곱근을 가리킨다. 그러므로 1.5개의 수를 곱한다는 의미는 하나의 수와 다른 수의 제곱근을 곱하는 것을 뜻한다.) 그래도 이 수들은 여전히 가로, 세로와 관계를 맺고 있는데, 만델브로가 이들을 수학적으로 다시 정의한 것이다. 그 목적은 우리의 관점이 범우주적이건, 개별적이건, 또는 분자 수준이건, 원자 수준이건, 아원자 수준이건 또는 그보다 작은 수준이건 간에 불문하고 그에 따라 좌지우지되지 않도록 하기 위한 것이다.

영국의 해안선과 같은 변으로 이루어진 사각형의 예는 하나의 평면 도형이 어떻게 하우스도르프의 정수 차원 체계를 무력화시킬 수 있는지 보여 주는 예이다. 표면이 사람의 뇌와 같이 둘둘 말려 있는 정육면체도 입체의 경우의 같은 예이다. 하우스도르프에 따르면, 그와 같은 정육면체는 세 개의 수, 즉 가로, 세로, 높이를 곱하면 부피를 구할 수 있으므로 3-D이다. 그렇지만, 사각형의 경우와 같이 이들 세 길이를 아주 정확하게 측정한다면, 즉 작은 돌출부분까지 빠짐없이 길이를 측정한다면 입체의 부피는 엄청나게 과대 평가될 것이다. 만델브로가 발견한 것은, 그와 같은 입체는 분수 차원을 갖는 도형으로 프랙털(fractal)이라 하며 그 부피는 세 개의 수가 아닌 2.8개의 수를 곱하여 구할 수 있고 따라서 그 차원은 2.8이라는 사실이다.

만델브로는 그 밖의 다른 여러 친근한 도형들도 프랙털임을 발견하였다. 평면 프랙털은 눈송이와 산맥의 윤곽을 포함하며, 입체 프랙털은 자동차의 라디에이터와 사람의 창자를 포함한다. 사각형과 정육면체의 경우와 같이 이들에 대해서도 각각 하우스도르프의 처방을 따르면 넓이나 부피와 각 변의 길이 사이에 패러독스를 낳는다.

만델브로가 발견한 또 하나의 사실은 지구를 자연 조망할 때의 전형적인 프랙털 차원이 붉은 행성인 화성을 NASA의 사진으로 검토해 볼 때 화성을 자연 조망하는 차원과 다르다는 사실이다. 즉, 지구의 차원은 약 2.1 정도이고, 화성의 차원은 약 2.4 정도이다. 육안으로 볼 때, 지구 조망의 울퉁불퉁한 정도가 화성보다는 약간 덜하다는 것이 가장 큰 차이점이다. 이러한 관찰로부터 내릴 수 있는 하나의 실용적인 결론은 특정한 프랙털 차원에 대응하는 각각의 자연 조망을 그것이 어떤 것이든 컴퓨터를 사용하면 생성할 수 있다는 사실이다. 사실상 이는 1981년 파라마운트사에서 제작한 영화 '스타 트랙 Ⅱ: 황제의 분노'(Star Trek Ⅱ: The Wrath of Khan)의 제작자들이 외계처럼 보이도록 가상의 여러 행성들의 스카이 라인을 만들 때 실행한 수법이다. 그러므로 만델브로는 자신의 프랙털 이론으로 우리가 사는 지역 사회에 대한 다양한 차원뿐만 아니라 각각이 갖고 있는 독특한 차원을 우리 자신이 올바르게 인식할 수 있도록 그 길을 터놓았다.

만델브로, 리만, 데카르트는 차원에 대한 수학적 성질을 새로이 바라볼 수 있는 통찰력을 제공하여, 우리로 하여금 단지 1-D, 2-D, 3-D만으로 가득 채워졌던 평범한 유클리드 시대의 3-D 공간보다 훨씬 더 생생한 세계를 인식할 수 있도록 해 주었다. 미래는 과거보다 희망적이며, 세상을 구성하는 더 많은 차원을 계속해서 파악할 수 있을 것이라고 생각하도록 우리를 유혹하였다.

그렇지만, 마치 이 우주를 실이 감겨 있는 공 모양으로 생각하고 우리는 이 실을 따라서 여행하는 것이라 가정한다면, 미래에는 세상의 구조가 보다 복잡하게 보였다가 동시에 단순하게 보일지도 모른다는 상상도 가능하다. 그 가능성은 영화 '환상 여행(Fantastic Voage)'의 장면들을 연상시키는데, 여기서 몇몇 과학자들은 사람의 신체 내부를 탐험할 정도의 작은 크기로 축소되었다.

우주에 관해 생각할 때, 처음에는 아주 멀리 떨어져 있는 실로 감겨진 하나의 공을 보는 것에 비유할 수 있는데, 이 때 이 공은 마치 0차원의 점과 같이 보인다. 좀더 가까이 가면 이것은 표면이 평평한 이차원의 둥근 원판과 같이 나타나는데, 더 가까이 다가가면 2-D 평면은 어느 정도 3-D 구조를 갖는 것처럼 보인다. 이 마지막 단계가 현재 우리가 공간에서 지각하고 있는 단계로, 표면의 구조가 가장 생생하게 그 모습을 드러낼 때이다. 만일 그렇다면, 그 순간은 실로 감겨져 있는 공의 표면을 파헤칠 수 있는 순간으로, 이 때는 공을 촘촘하게 감고 있던 실들이 일차원의 가느다란 실들로 드문드문 감겨 있는 현상을 발견할 수 있다. 이 가느다란 실을 보아야 비로소 다시 한 번 2-D를 지각하고, 이어서 숱이 드문드문 나 있는 3-D를 지각하기 시작할 것이다.

물론 앞으로 이들 중에서 어떤 것이 드러날지 확신을 갖고 예상할 수는 없다. 그러므로 이 우주와 우주에 존재하는 사물들이 몇 차원인지, 또는 그 차원 수가 점차 증가할는지 아니면 오락가락할는지에 대한 의문은 여전히 남아 있다. 그렇지만 확실한 것은 앞서 일차원적 인간이라 비난받았던 사업가처럼 이 우주에 대해서도 성급하게 그리고 최종적으로 판단해서는 안 된다는 사실이다. 왜냐하면 지난 2000년 동안 뛰어난 일군의 수학자들이 우리들에게 가르쳐 준 것이 조금이라도 있다면, 그것은 차원이라는 것이 관찰자의 눈에 존재하며 그리고 상상력에도 존재한다는 사실이기 때문이다.

9. 0으로 빚어진 야단법석

- 0과 공집합 -

30개의 살이 하나의 중심을 형성한다. 그 안의 무(無)를 적절히 개조하면, 여러분들은 손수레를 이용할 수 있다. 그릇을 만들기 위해 진흙을 반죽하라. 그 안의 무를 적절히 개조하면, 여러분들은 그 그릇을 이용할 수 있다. 방을 만들기 위해 창과 문을 뚫어 보라. 그 안의 무를 적절히 개조하면, 여러분들은 그 방을 이용할 수 있다. 이와 같이 우리가 얻은 것은 무언가 존재하는 것이지만, 그것은 이것을 사용할 수 있도록 해 주는 무의 덕분이다.

— 주은래(Lao Tzu)

무(無)의 상태(nothingness: 0을 의미한다—옮긴이)에 대한 가치를 인식하고, 무의 상태와 무(無, nothing, 공집합을 의미한다—옮긴이)의 차이를 구별하여 표현할 수 있었던 역사상 최초의 인간이라는 영예는 수학자가 차지했다. 그것이 뭐 그리 대수냐고 반문할지 몰라도, 오늘날 우리가 알고 있는 수론(수에 대한 학문)의 발달 과정을 보면, 이 사실은 매우 획기적인 사건이었다. 지금으로부터 1100년 전과 1400년 전 사이에 수론에서의 무의 상태는 0이라는 숫자로 자신의 확고한 위치를 확보한다. 이는 우리가 표기하는 숫자에 또 하나의 숫자를 덧붙이는 사소한 행위에 지나지 않은 것 같지만, 이로 인해 그 전의 어느 때보다 더 분명하고 보다 쉽게 수를 표현할 수 있게 되었다. 그 후 1300년

이 지나서야 비로소 무(無, nothing)가 수론에 모습을 드러내는데, 이전의 무의 상태와는 전혀 다른 모습이었다. 무는 공집합이라 이름하였고, 수론에서의 그 의미는 그림 그리기 직전에 아직 손대지 않은 화폭이나 글을 쓰기 직전의 한 장의 백지와도 같은 잠재적 존재였다. 수학자들은 이 공집합을 사용해서 수론에서 알려진 모든 수를 무에서 어떻게 창조할 수 있는지 보여 줄 수 있었다. 셰익스피어의 말을 빌면, 수학자들이 무와 무의 상태를 다루면서 그렇게 야단법석을 떤 것과 같은 일은 그 전에도 없었고 또 앞으로도 없을 것이다.(much ado about nothing은 셰익스피어의 희곡으로 '헛소동'으로 번역되었다. 이 글의 제목 much ado nothing은 셰익스피어의 희곡 제목을 인용한 것이다.—옮긴이)

앞으로도 영원히 사용될 0이라는 숫자는 6-9세기 사이의 어느 시점에 힌두인들이 자신들의 수 체계에 도입하였는데, 그들은 이를 써냐(sunya, 힌두어로 공허함을 뜻함—옮긴이)라고 불렀다. 오늘날의 수 체계는 이 때의 수 체계를 직접 승계받은 것으로, 오늘날의 수학자들에게 "위치 기수 십진법"(positional notation decimal, PND)으로 알려져 있다. 이 수 체계에서는 어떤 수이건 아무리 큰 수라 하더라도 0부터 9까지의 단 열 개의 기본 숫자만 사용하여 표기할 수 있다. 게다가 8754라는 숫자에서처럼 각각의 자릿수는 그 수의 실제값을 결정한다. 관례상 가장 오른쪽의 수(4)는 자신의 값을 나타내지만, 다음 왼쪽에 있는 수(5)는 그 수의 10배의 값을 나타내며, 그 다음 왼쪽에 있는 수(7)는 그 수의 100배를 나타낸다.

써냐가 탄생하기 전에 위치기수법을 사용했던 수학자들은

우리가 현재 0을 쓰는 곳을 보통 빈 칸으로 남겨 놓았다. 예를 들어 칠백칠은 707이 아니라 7 7로 표기했었다. 이 때의 빈 칸은 분명하지가 않아 종종 혼동을 일으키는 성가신 존재였고 또한 수론의 발전을 저해하는 존재이기도 했다.

힌두인들이 자신들의 수 체계를 사용하던 무렵 이 세상에는 이미 다른 종류의 수 체계가 대여섯 가지 정도 사용되고 있었지만, 그 어느 것도 0을 사용하지 않았고, 따라서 이것들은 간편한 표기법이 될 수 없었다. 로마의 수 체계를 예로 들어보자. 이 수 체계는, 사용해 본 사람은 누구나 느끼듯이 매우 비실용적이고 복잡한 표기법이다. 작은 수를 표기하는 데는 별 문제가 없었지만, 큰 수를 나타낼 때 로마 숫자는 상당한 골칫거리일 수밖에 없었다. 예를 들어, 천구백팔십삼을 나타내는 로마 숫자는 MCMLⅩⅩⅩⅢ인데, 이 숫자를 훨씬 간단한 힌두 숫자 1983과 비교해 보라!

그리스인들도 로마 숫자 표기와 비슷한 수 체계를 갖고 있었다. 그들은 1983이라는 수를 나타내려면 TΣTNⅢAAA로 표기해야 했다. 그러므로 수론이 발달한 나라는 그리스가 아니고 써냐를 알고 있던 힌두라는 사실이 이제 그리 놀랄 일은 아니다. 그리스인들은 (도형의 연구인) 기하학에서 자신들의 훌륭한 솜씨를 보였던 것으로 기억되고 있다. (종종 하나의 예술적 형태로 수학과 비교되는) 시의 발달은 대개 그것이 속한 문화에서 그 문화의 언어가 갖는 표현성에 의존하는 것이 결코 더 이상 놀랄 일이 아니라는 이유와 같은 맥락이다.

무의 상태에 대한 수학적 개념(0을 말함—옮긴이)을 사용하여 수를 표기하는 방식이 보다 정확하고 정밀해졌다면, 무에 대한 수학적 개념(공집합—옮긴이)은 수에 대한 논리적 기원을 명확하게 하는 수단을 우리에게 제시해 주었다.

유클리드가 기원전 300년경 논리를 이용해서 몇 개의 가정으로부터 기하학적 진리를 추론하였을 때, 수론에서도 이와 같은 시도를 행할 수 있을까 하는 문제가 제기되었다. 19세기 말 그 해답을 찾으려 했던 수학자들은 무엇부터 시작해야 할지에 대하여 서로 의견이 엇갈렸었다. 어떤 이는 수론의 기본 구성물인 자연수 수열(즉, 0, 1, 2, 3, … 자연수의 출발점으로 0을 포함시켰다—옮긴이)의 수학적 존재만을 가정하고 수론을 전개하려 하였다. 다른 사람들, 이를테면 독일의 프레게는 논리적으로 한발짝 뒤로 물러서서, 좀더 근원적인 몇 개의 기본 개념으로부터 자연수 수열을 추론하고자 하였다.

프레게는 자신의 논리적 출발점의 하나로 상식적인 집합 개념을 선택하였는데, 다른 응용 분야에서와 마찬가지로 수학에서도 집합이란 대상들의 단순한 모임을 말한다. 다른 말로 하면, 프레게와 같은 시대 사람인 독일의 칸토어가 말했듯이, 집합은 "우리의 직관이나 사고에 의해 명쾌하게 구분할 수 있는 대상들의 … 모임"이다. 프레게는 집합이라는 아이디어가 자연수를 그냥 늘어놓은 것보다 더 근원적인 개념이 있다고 믿었었다. 그는 이와 같은 출발점에다 몇 개의 가정을 덧붙여서 수론 전체를 추론할 수 있었던 것이다. 이 과정에서 그는 무와 무의 상태의 차이점을 인식할 수 있었다.

그가 발견한 차이점은 집합에서의 차이였다. 무는 공집합으로, 원소가 없는 집합인데 수학에서는 중괄호 { }를 사용하여 나타낸다. 프레게는 이 집합을 유일한 출발점으로 택하였는데, 그는 처음부터 어떤 수의 존재도 인정하지 않고 시작했다. 그에게 공집합은 창조의 순간 바로 직전의 상태로 수들이 나열되기 직전의 잠재 상태를 의미한다. 이를 나타내는 기호조차 잠재적 존재임을 암시하는데, 빈 곳을 둘러싼 중괄호는 결국은 계속해서 한없이 늘어나는 수열로 꽉 채워질 것이다.

한편, 무의 상태는 0을 원소로 하는 집합을 말하며 {0}으로 나타낸다. 이 기호만을 보아도 프레게가 무엇을 보았는지 알 수 있다. 무의 상태는 아무것도 없는 것이 아니라 실제로 무엇인가가 들어 있는 상태이다. 프레게가 분석한 것은, {0}은 공집합의 수학적 잠재성이 최초로 인식되어 나타낸 것으로 첫번째 자연수인 0을 말한다. 마치 음을 창조하기 직전 음악가의 잠재적 상태를 나타낸 것이 음악적 쉼표인 것처럼, 집합 {0}은 공집합의 잠재적 상태를 구현한 것이다.

수학 이외의 다른 분야에서 무와 무의 상태에 대한 차이점을 인식하기는 쉽지 않다. 예를 들어, 워싱턴에 있는 국립 미술전시관 동편 출입구에 위치한 유명한 헨리 무어의 조각품을 최근에 보았을 때, 나는 가운데 있는 독특한 구멍에서 다양한 이미지들의 잠재적 상태를 보았었다. 그것은 무(無)이면서 동시에 전부를 말해 주고 있는데, 그러한 의미에서 수학적으로는 공집합의 모델이었다. 그렇지만 흔히 그렇듯이 다른 조각품들의 텅 빈 것에서 내가 볼 수 있었던 것은 무(無)의 모델이 아닌 무의 상태, 즉 단순한 구멍만을 보았을 뿐이다.

공집합에 대하여 가장 근접한 물리학적 비유를 들라면 그 중 하나가 진공상태에 대한 물리학자들의 이론적 고찰이다. 그것은 거대한 양의 물질을 탄생시키기 바로 직전의 잠재적 전위가 있는 물질적인 무에 대한 전형적인 예이다. 이론적으로 핵입자의 자생적 생성을 유도하기 위해 필요한 것은 그 모두가 매우 강력한 전자장에 덮여 있는 진공상태뿐이기 때문이다.

지금까지는 진공에 대하여 이와 같은 설명을 직접 검증하는 것이 불가능하였는데, 그 이유는 필요한 전자장의 힘을 인공적으로 생성하기 어려웠기 때문이다. 그런데 최근에 일단의 핵물리학자와 화학자들이 초중량 원자(superheavy atom)라는 자연적인 초강력 전자장을 배열함으로써 그 이론을 검증하자고 제안하였다. 이 아이디어에서 유일한 문제점은 현재 이 초중량 원소도 결국 관념 속의 물질이라는 점이다. 그러므로 아직까지 진공이란 것이 고대 그리스 철학자들이 믿었듯이 무를 뜻하는지, 아니면 오늘날의 물리학자들이 믿고 있듯 무의 상태인지 확신할 수는 없다.

천지창조에 대한 성경 말씀을 공집합에 대한 비유로 생각하면, 이는 물리학에서의 진공만큼이나 인상적이다. 성경에 나오듯이 하나님이 무에서 세상을 창조한 것처럼, 프레게도 무에서 자연수 수열을 창조하였다. 9세기 무렵 희곡 작가 간더사임의 로비타(Hrovita) 수녀는 이보다 한 걸음 더 깊이 들어갔는데, 그녀의 희곡 '사피엔티아'(Sapientia)에는 다음과 같은 글이 실려 있었다. "창조주는 … 무에서 이 세상을 창조하셨고, 모든 사물에 대하여 그 수와 크기, 무게를 알맞게 정하셨다, 그러고 나서 적절한 시간에 사람의 나이에 알맞도록 정리 정돈하셨으며, 더 깊이 연구하면 할수록 생생한 기적이 드러나는 과학을 창조하셨다."

나는 로비타 수녀가 말한 "과학"에는 수학이, 그리고 "생생한 기적"에는 프레게가 이용한 공집합이 포함되었을 것이라고 믿고 싶다. 그것이 사실이라면, 또 하나 믿고 싶은 것은, 그녀의 생생한 기적에는 최근에 영국의 수학자 콘웨이(John Horton Conway)가 공집합을 수론에 재적용한 것도 포함되었을 것이라는 사실이다. 그는 1973년 프레게에 이어 무, 즉 공집합에서 시작하여 자연수와 다른 종류의 알려진 수, 즉 분수와 분수로 나타낼 수 없는 소수(무리수로 알려진 수)뿐만 아니라 당시까지 알려져 있지 않던 종류의 수인 초현실적인 수(surreal number)라고 하는 수를 끄집어 내었다.

콘웨이는 "크고작은 모든 수(All Numbers, Great and Small)"라는 13쪽짜리의 책자에서, 프레게가 그랬듯이 공집합과 두 개의 규칙을 포함한 몇 개의 전제 조건으로부터 자신의 이론을 전개하였다. 첫번째 규칙은 수에 대한 논리적 정의로, 그가 내린 정의는 도서관 책장에 질서 정연하게 배열되어 있는 여러 권의 백과사전에 비유할 수 있다. 그의 정의에 따르면, 진열된 한 권의 백과사전의 위치, 즉 번호는 그 책의 왼쪽과 오른쪽에 위치한 여러 권의 책들로부터 추론할 수 있다. 예를 들면, 왼쪽에는 0권부터 8권까지, 오른쪽에는 10권부터 무한대까지가 위치하도록 하면 제9권의 위치가 저절로 결정된다. 그러므로 우리는 어떤 책이건 그것이 비집고 들어갈 자리를 왼쪽과 오른쪽 집합에 의해 유일하게 결정할 수 있다. 이것이 콘웨이가 설정한 첫번째 규칙의 핵심이다.

그가 설정한 두 번째 규칙을 다시 한 번 백과사전의 집합으로 설명한다면, 하나의 수 예를 들어 5는 다른 수 예를 들어 9보다 작거나 또는 같다는 선언이다. 이 때의 전제조건으로 다음의 두 가지가 동시에 성립해야만 한다. (A) 처음 수(5)의 왼쪽에 있는 모든 책들의 번호는 두 번째 수(9)보다 작아야 하며, (B) 두 번째 수(9)의 오른쪽에 있는 모든 책들의 번호는 처음 수(5)보다 커야 한다. 이 규칙은 콘웨이가 만든 수에 순서를 정할 때 필요한데, 0은 1보다 작으며, 1보다 앞서 위치한다. 1은 2보다 작으며 2보다 앞서 위치한다, 등등 ….

프레게가 그랬던 것처럼 콘웨이도 처음에는 어떤 수의 존재도 가정하지 않았기 때문에 자연수 수열을 만들 때 공집합에서 시작하였다. 그래서 처음에는 왼쪽과 오른쪽의 집합들이 모두 공집합인 수를 고려했는데, 이를 기호로 나타내면 { }:{ }와 같다. 그는 이 수를 0이라 불렀다. 다시 말하면, 콘웨이의 이론에서도 프레게의 이론처럼 없음을 나타내는 가장 근원적인 것이 무의 상태(nothingness, 공집합—옮긴이)였다.

콘웨이는 숫자 0을 만든 후에, 두 집합, 즉 공집합 { }과 0을 포함한 집합 {0}을 사용해서 그 다음 수를 계속해서 만들어 갔다. 1이라는 수는 왼쪽에 0을 포함하는 집합과 오른쪽에는 공집합이 있는 수로 나타냈다. 그러므로 콘웨이가 수를 만들어 가는 양식을 볼 때 1이라는 수는 무의 상태의 왼쪽에, 무의 오른쪽에 위치한다. 1의 왼쪽에는 이미(0으로) 현실화된 잠재적 상태가 오른쪽에는 아직 현실화되지 못한 잠재적 상태가 자리잡은 것이다.

수를 만들어 나가는 각 단계에서 콘웨이는 그 다음 수를 만들 때, 이미 만들어진 모든 수를 포함하는 집합을 왼쪽에 그리고 공집합은 오른쪽에 항상 자리잡도록 하였다. 이는 마치 그가 백과사전의 이미지를 떠올리며 그러했던 것 같다. 각각의 단계에서 새로 만들어지는 책은 책장에 이미 정돈된 책들의 오른쪽에 그리고 비어 있는 책장의 왼쪽에 위치하는데, 이러한 비유에는 아직 만들어지지 않은 수들의 잠재적 상태를 나타내는 물리학자의 진공 상태를 보여 주는 측면도 있다. 이 양식을 무한히 계속하면서 콘웨이는 자연수 전체의 수열을 완성할 수 있었다.

콘웨이는 여기서 한 걸음 더 나아가 수와 수 사이에 있는 무한히 많은 수들을 창조할 수 있었다. 예를 들어, 왼쪽에 있는 집합은 0을 포함하는 집합 {0}이고, 오른쪽에 있는 집합은 1부터 무한대까지를 포함하는 집합 {1, 2, 3, …}인 수들이다. 이 표현은 0과 1 사이에 있는 어떤 수를 정의하게 된다. 그러므로 자연수를 보통 백과사전의 집합으로 비유할 때, 두 권의 백과사전 사이에 한없이 이어지는 수들로 백과사전을 장식할 수 있다. 그렇지만, 이 작업은 여기서 끝나지 않았다.

콘웨이는 자신이 사용한 방법적 논리를 계속 추구하면서 두 수 사이에 있는 수, 또다시 이들 사이에 있는 수들… 그리하여 문자 그대로 한없이 많은 수를 만들어 갈 수 있었다. 그 결과 사이에 있는 수들의 끝없는 분류체계를 만들 수 있는데, 그 전까지의 수학에서는 이들에 대한 이름조차 존재하지 않았었다.

한편, 그래프의 관점에서 보더라도, 콘웨이의 이론은 그 이전과 엄청난 차이를 드러낸다. 이전까지의 수학적 상식에 따르면 수직선으로 표현되는 자(ruler)의 한쪽 면에는 무수히 많은 점이 있고 이 점들은 각각 정수나 분수 또는 0.1345792…와 같이 자릿수가 한없이 이어지는 무리수 중의 하나와 대응되었다. 이 점들 모두(또는 이에 대응되는 수)는 연속하여 이어져 있기 때문에, 이웃하는 점 사이에는 비어 있는 틈이 없다고 생각되었다. 그렇지만, 콘웨이의 이론이 시사하는 바는, 이 점들 사이에는 머릿속에 그려지는 것이 불가능한 빈틈이 있으며, 다시 이 빈틈이 나타내는 수들에 의하여 또 다른 빈틈이 있고, 등등 이러한 작업을 한없이 진행할 수 있다는 사실이다. 콘웨이는 자신의 이론에 의해 이전의 앞선 많은 사람들이 생각에만 그쳤던 것들에 확신을 주었는데, 그것은 하나의 대상이 얼마나 많이 나누어질 수 있는가에 대한 한계는 개념적으로 존재하지 않는다는 사실이다.

콘웨이의 논문 "크고작은 모든 수"는 공집합의 무한한 잠재적 가능성뿐만 아니라 인간 의식의 잠재적 가능성도 무한함을 여실히 보여 주었다. 인간의 창조적 에너지가 무와 같이 잠재적이지 않다면 정말 아무것도 아닌 것이다. 그것은 이미 수없이 많은 실험이 증명했듯이 살아 있음의 생생한 한 부분이다. 어떤 사람이 체온까지 데워진 물로 가득 찬 고요하고 어두운 탱크 속에 둥둥 떠 있으면 감각도 잃어버리고 결국에는 환각상태에 놓이게 된다. 이는 마치 무의 상태에 푹 빠졌 있을 때조차도, 무에서 무엇인가를 만들어내려는 타고난 성향이 식어버리지 않는 인간의 의식과도 같은 것이다.

인간의 의식은 물리학의 진공 상태와 같아 겉으로 보기에는 어디에서부터 시작되었는지 출처를 도저히 알 수 없는 사고를 창조하는 역할을 한다. 여러 해에 걸쳐 수학자들은 이와 같이 보편화된 현상들을 보여 주었다. 가우스의 회상에 따르면, 수론의 어느 정리를 증명하려고 여러 해를 보내면서 실패만 거듭하다가 더 이상 그 문제를 생각하지 않고 며칠을 보내던 어느 날 그 해답이 "순식간에 번개처럼" 떠올랐다고 한다. 프랑스의 수학자 푸앵카레(Henri Poincaré)도 몇 개월 동안의 작업이 헛되었음을 실토했었다. 그 후 어느날 전혀 다른 주제로 친구와 이야기를 나누던 중에 "… 마치 그 전까지 했던 모든 생각들이 하나도 쓸모없었다는 듯이 전혀 새로운 아이디어가 떠오르는 것이었다"고 푸앵카레는 회상하였다.

이와 같은 의미에서, 인간의 의식은 프레게와 콘웨이의 수 이론에 있는 공집합과 같다. 수학의 공집합은 자의식에 따라 만들어진 부수적인 산물이다. 그래서 프레게와 콘웨이의 창조적 경험이 가우스와 푸앵카레의 경험과 같은 것이라면, 그들은 아무것도 생각하지 않았기 때문에 수론의 발전을 이룩했던 것이다. 특히 무와 무의 상태의 엄청난 차이를 인식할 수 있는 이와 같은 방법들은 그들의 의식 안에서 이루어진 것이었다.

10. 상식보다 좋은 것은 없다구?

- 비유클리드 기하학 -

사냥꾼들이 캠프를 치고 곰 사냥에 나섰다. 정남향으로 1마일을 걸은 후, 정동향으로 1마일을 걸어간 지점에서 그들은 곰 한 마리를 보았다. 사냥감을 잡은 후 캠프로 돌아온 그들은 자신들이 돌아다닌 총 거리가 3마일이었다는 계산을 하였다. 그 곰의 색깔은 무슨 색이었을까?

미국 수수께끼

사람들은 대부분 상식 수준에서 자연 세계를 판단하려는 습성 때문에, 해가 실제로 떴다가 진다든가, 또는 별들이 지구 주위를 돌고 있다든지, 지구는 우주의 중심이며 그러면서 평평하게 되어 있다는 사실들을 쉽게 믿는다. 인간을 사고의 중심으로 하는 이러한 믿음을 깨뜨리기는 좀처럼 쉽지 않은데, 그 중에서도 우주라는 세계는 지구 환경이 그대로 확대된 것이라는 믿음이 꽤나 많은 사람들의 머릿속에 박혀 있는 것 같다.

19세기 초까지도 사람들은, 유클리드의 기하학 법칙이 이 곳 지구상에서 그대로 적용되듯, 우주의 어떤 곳에서도 통용될 수 있다고 믿었었는데, 사실상 이러한 믿음으로 삼라만상을 편안하게 생각할 수 있었다. 그러나 끝내 이러한 믿음이 무너지자, 갑자기 우주는 우리들로부터 멀어졌으며, 상식이라는 것도 사물을 판단하는 믿음직한 기준이 아니라는 의심을 다시 한 번 받게 되었다.

이러한 불신의 근원은, 유클리드 기하학 이외에도 수학적으로 타당한 다른 기하학이 존재하여 어떤 방식으로든지 유클리드 기하학이 묘사하는 우주와는 판이하게 다른 우주를 묘사할 수 있다는 1824년에 이루어진 발견에서 비롯되었다. 이러한 발견 때문에 우리의 우주는 결국 유클리드식이 아니며 새로운 기하학이 기술하는 것 중의 어느 하나와 같을지도 모른다는 가능성이 대두되었다.

그 결과, 이 우주는 미지수로 남아, 결국 다가오는 미래에 다시 새로이 파악되어야 하는 대상이 되었다. 이 목표의 대부분은 1920년대에 아인슈타인의 일반 상대성 원리에 의하여 달성되었다. 이 때에 정립된 인류와 우주와의 관계는 상식에서 비롯된 것이 아니라 현대 기하학의 산물인 비상식에 근거를 둔 것이었다.

유클리드 기하학으로 집대성된 기하학이란 애시당초 토지 측량과 건축에 관한 고대 이집트의 실용적인 단편 지식들을 모아 짜맞춘 것이다(기하학을 뜻하는 단어 geometry는 그리스어로 '토지를 측량한다'는 뜻이다). 점, 선, 평면, 입체에 관한 근본 아이디어는 경계 표지, 좁다란 길, 농토, 화강암 블록을 다루면서 얻은 체험 등으로 이루어진 상식적인 아이디어로부터 형성되었다. 결코 만나지 않는 선, 즉 평행선과 같은 중요한 기하학적 개념들은, 두 바퀴 수레가 길 위에 굴러가며 파 놓은 쟁기 자국이나 바퀴 자국과 같이 현실에서 벌어지는 일과 결합되어 고대 이집트인들의 의식 속에 자리잡게 되었다. 발생 기원만 살펴본다면, 원래의 기하학은 점, 선, 면, 입체들이 현실 세계에서 어떤 특징을 갖는가에 대한 자질구레한 사실을 수학적으로 집대성한 것에 지나지 않았었다. 그런데 이집트인, 바빌로니아인 그러고 나서 그리스인을 거치면서 기하학은 단순히 이 지구상의 현실 세계뿐만 아니라 삼라만상의 세계에서 통할 수 있는 점, 선, 면, 입체들의 특성에 관련된 학문이 되었다.

기원전 300년경의 유클리드 시대까지 천문학자들은 기하학의 정리를 마치 과학의 법칙인 것처럼 적용하고 있었다. 만일 그들이 천문학자 에우독소스(Eudoxus)가 그랬던 것처럼 우주에 떠 있는 별들이 거대한 수정같은 구 위에서 움직이고 있다고 생각했다면, 자동적으로 그들 머리에 떠오르는 우주라는 구는 지구상에 있는 구와 똑같은 것이었다. 만일 천체에 있는 두 개체 사이의 거리를 생각했다면, 당연히 (평평하다고 가정한) 지구 위에서처럼 우주에서도 두 점 사이의 가장 짧은 거리는 직선이라고 생각했다. 요약하면, 우주에 적용되는 기하학을 떠올릴 때, 그리스의 천문학자들은 현세에서 경험한 것을 지상의 삶보다 훨씬 커다란 세계에까지 아랑곳하지 않고 그대로 적용하였다.

어쨌든, 기하학에서 유클리드가 이룩한 공헌은 그 믿음을 우주 전체에까지 확대 심화시키는 역할을 했다는 것이다. 그런데 그가 정말로 행한 것은 여러 세기에 걸쳐 축적되어 왔던 수백 개의 기하학적 정리를 단 열 개의 공리(postulate)로부터 논리적으로 추론될 수 있음을 보여 준 것이다. 그 열 개 중에는 "임의의 점에서 다른 한 점까지 하나의 직선을 그을 수 있다" "모든 직각은 서로 같다" "같은 것에 같은 것을 더해도 그 합은 같다" "전체는 부분보다 크다"와 같이 겉으로 보기에도 범우주적으로 통할 수 있는 자명한 공리들이 있었다. 유클리드는 수학에서 전례 없이 엄청난 업적을 이룩했는데, 그와 동시에 기하학이란 범우주적으로 통하며 어떠한 반박도 허락하지 않는 진리의 세계라는 인식을 심어 주었다.

상식선에서 결코 틈이 없을 것 같은 유클리드의 요새가 유일하게 도전장을 받은 것은 제 2 공리와 제 5 공리였다. 이 공리는 각각 "선분을 한없이 연장하면 무한히 긴 직선을 만들 수 있다"와 "한 직선과 그 직선 밖의 한 점이 주어져 있을 때, 이 점을 지나서 주어진 직선에 평행한 직선은 오직 하나뿐이다"이다. 유클리드 시대와 그 후 몇 세기 동안 대부분의 수학자들은 이것들이 진정한 의미에서 공리라 할 수 있는지 회의를 품고 있었다. 그러나 수학자들의 의심은 이것들이 사실이냐에 초점을 둔 것이 아니라(이 공리들은 상식에 부합되는 것으로 보였다), 이 두 공리가 자명한 진리라는 유클리드의 주장에 동의하지 않았기 때문이다. 회의론자들은 사실상 이 두 개의 공리는 정리(theorem)로서 다른 여덟 개의 공리로부터 추론될 수 있다고 믿었었다.

이들 두 개의 공리를 자명한 진리로 인정하기 주저했던 그들의 조심성은 대부분 몇몇 수학자들의 다양한 직감에 근거한 것이었다. 개중에는 무한과 관련된 사항을 자명한 진리로 인정하기 꺼리는 수학자들도 있었고, 어떤 이는 제 5 공리가 다른 것들보다 더 복잡한 사고를 요하기 때문에 특별히 의혹의 눈길을 보내었다. 어떤 이유에서건 회의적인 수학자들은 유클리드의 제 2 공리와 제 5 공리를 신앙처럼 인정하기 주저했었다. 이들은 공리의 진실성에 대한 증명을 요구했었는데, 그러면서도 언젠가 그에 대한 증명이 곧 닥쳐오리라는 사실을 믿어 의심치 않았다.

그렇지만 그렇게 고대하였던 증명은 결코 오지 않았다. 그런데 1824년 어느날 유명한 독일 수학자 가우스는 학교 동창인 볼리아이(Farkas Bolyai)가 보낸 한 통의 편지를 받았다. 수학 교사였던 볼리아이는 편지에 동봉한 자신의 아들 야노(János)의 논문을 감수해 달라고 부탁하였다. 볼리아이의 아들은 그토록 오랫동안 불확실한 위치에 있던 유클리드의 제 5 공리를 해결할 수 있을 것 같은 놀라운 발견을 이룩했던 것이다.

무엇보다도 가장 중요한 야노의 증명은 평행선 공리가 진정한 의미에서의 공리였다는 사실이다. 따라서 만일 그것이 유클리드 기하학의 일부분으로 생각하려면, 이는 자명한 것으로 추호의 의심도 없이 그대로 받아들여야만 한다.

그리고 야노는 오랫동안 소중하게 간직되었던 유클리드 기하학의 범우주적 진리를 던져버렸다. 유클리드의 평행선 공리를 상식과 정면으로 배치되는 평행선 공리로 대치했던 것이다. 즉, "한 직선과 그 직선 밖의 한 점이 주어져 있을 때, 이 점을 지나 주어진 직선에 평행한 직선은 무수히 많다"는 공리였다. 야노는 이 공리와 유클리드의 나머지 공리들로부터 유클리드 기하학과는 전혀 다른, 그러면서도 논리적으로 탄탄한 정리들을 추론하였다. 이것들은 "새로운 우주"에 관한 것이라고 나중에 야노는 말했다. 특히 평행선 공리 때문에 이 "새로운" 우주에 대한 기하학은 이제 더 이상 현실 세계를 기술하는 기하학이 아니었다.

가우스는 이 원고를 흥미 있게 읽으면서도 전혀 낯선 감정이 들지 않았었다. 그 이유는 사실상 몇 년 전에 자신이 같은 발견을 하였기 때문이다. 아버지 볼리아이에게 쓴 편지에서 이를 밝히면서 동료 학자들의 비난을 두려워한 나머지 감추어 두었었다고 설명했다. 그 당시 유클리드 기하학은 성경처럼 숭배시되었는데, 방금 기술한 발견은 처음 기독교 신앙과는 전혀 다른 신앙을 표방하는 성경에 비유할 수 있는 것이었다.

1832년 러시아 수학자 로바체프스키(Nikolaus I. Lobachevski)도 독자적으로 야노 볼리아이나 가우스가 발견한 것과 같은 발견을 한다. 이 뉴스는 그 보다 앞선 가우스의 발견과 함께 청년 볼리아이를 의기소침하게 했는데, 결국 이때문에 그는 수학자의 길을 벗어나 고난의 삶을 살게 되었다.

이 소식을 들은 수학자들은 가우스가 예상했듯이 감정 섞인 반응을 보인다. 그들의 최초 반응은 불신 그 자체였다. 왜냐하면 다음의 두 가지 사실이 가능하다고 생각할 수 없었기 때문이다. (1) 유클리드 기하학은 여럿 중에서 한 종류의 기하학에 지나지 않으며 이 우주를 설명하는 기하학이 아니다. (2) 언뜻 보기에 결코 자명하지 않은 공리로부터 수학적으로 의미 있는 기하학이 추론될 수도 있다.

특히 수학자들은 두 번째 사실에 익숙해지는 데 상당한 어려움을 겪었다. 이를 적용하면 결국 수학이란 단지 인간의 상상력이 만들어 낸 것으로 모든 사람들이 믿었던 것처럼 상식에 기초를 둔 범우주적 진리들을 모아 놓은 것이 아니기 때문이다. 볼리아이나 가우스 또는 로바체프스키 같은 사람이 현실과는 필연적으로 관련이 없는, 그래서 상식에 들어맞지 않는 공리를 만들어서 이를 논리적으로 타당한 수학적 체계를 추론하는 데 이용한다면, 결국 수학이란 발견되는 것이 아니라 발명되는 것을 의미한다. 특히, 유클리드 기하학도 비록 그것이 로바체프스키 기하학(단순하게 오늘날 수학자들은 세 가지 방법(three-way)의 기하학이라고 언급한다)보다 좀더 상식에 근거하고 있지만, 결국에는 창조된 것이다.

1800년대 말까지 수학자들은 유클리드 기하학과 보통 수학에서 바라보는 전통적 관점에서 모두 벗어났다. 더 나아가 수학적으로 타당한 여러 개의 기하학이 있을 수 있다는 것도 인정하였으며, 여러 다양한 기하학 중에서 유클리드 기하학이 아니라면 어느 것이 이 우주에 잘 적용되는 기하학인지 밝혀 내는 것은 과학자들에게 남겨진 숙제가 되었다.

이 무렵, 수학자들은 오늘날 알려진 세 종류의 기하학을 이미 알고 있었다. 유클리드와 로바체프스키 기하학 외에 1854년에 이를 만든 독일 수학자의 이름을 딴 리만(Bernhard Riemann) 기하학이 그것이다.

리만 기하학의 공리 중 유클리드 기하학과 다른 것은 두 번째와 다섯 번째 공리인데, 이 둘은 모두 상식과 정면으로 대치된다. 리만의 두 번째 공리, "선분을 한없이 연장하여도 무한히 긴 직선을 만들 수는 없다"는 공리는 유클리드 기하학과 논리적으로 정반대의 공리이다. 리만 기하학의 다섯 번째 공리, 즉 평행선 공리에서도 리만 기하학은 유클리드 기하학과 다른 입장을 취하는데, "한 직선과 그 직선 밖의 한 점이 주어졌을 때, 이 점을 지나 주어진 직선에 평행한 직선은 하나도 없다"가 그것이다.

로바체프스키 기하학과 리만 기하학은 각각 적어도 하나씩은 우리의 상식, 즉 현실 세계에서의 경험에 들어맞지 않는 공리에 근거하고 있으므로, 이들이 서술하는 점, 선, 면, 입체들은 우리 감각에 익숙한 것들이 아니다. 그럼에도 불구하고 기괴한 이들 두 비유클리드의 세계는 우리에게 익숙한 두 개의 도형으로 설명이 가능한 것으로 밝혀졌다.

로바체프스키 기하학이 그리는 세계는 입 부분이 서로 맞닿아 있으며 길이가 무한인 두 개의 트럼펫 표면에 비유할 수 있다. 이 표면은 의구(pseudosphere)라고 하지만 그 모양은 전혀 구를 닮지 않았다. 이 세계에서 직선이란 트럼펫 모양을 따라 길게 나 있는 선을 말한다. 이 모델에 조금만 주의를 집중하면 로바체프스키의 독특한 평행선 공리가 어떻게 성립할 수 있는지 이해할 수 있다. 즉, 트럼펫과 같은 괴상한 모양의 표면에서는 한 직선과 그 직선 밖의 한 점이 주어져 있을 때, 이 점을 지나 주어진 직선에 평행한 직선을 무수히 많이 그을 수 있다.

리만 기하학의 세계를 그려보는 것은 좀더 쉬운 일이다. 구 모양의 세계에서, 직선은 대원의 호(평면 위에서 두 점 사이의 가장 짧은 길이는 선분의 길이이듯이, 구 위에서는 호의 길이를 말하므로 호와 직선은 서로 대응한다)와 같다. 이 모델에서 상식과 대립되는 것 같은 리만의 두 공리가 얼마나 잘 성립하는지는 쉽게 알 수 있다. 두 번째 공리에서 선분은 한없이 연장할 수 없다고 하였는데, 그 이유는 선분들이 구에서 대원의 호와 같은데 이들은 구의 지름에 따라 결정되는 유한 길이의 호들이다. 그의 다섯 번째 공리를 보면 대원들이 항상 만나기 때문에, 리만 기하학에서는 평행선들이 존재하지 않는다.

유클리드 기하학이 그리는 세계는 보통 말하는 평면에 비유할 수 있다. 그와 같은 세계 —우리 감각에 가장 친숙한 세계이다— 에서 직선은 평면 위에 놓여 있는 직선을 말한다. 이 모델에서는 유클리드의 평행선 공리가 얼마나 잘 성립하는지 쉽게 이해할 수 있다. 평평한 평면 위의 표면에서는 한 점을 통과하면서 그 밖의 주어진 직선에 평행한 직선을 오직 하나만 그을 수 있다. 또한 평면 위에서 선분들을 한없이 연장하여 길이가 무한인 직선으로 만들 수 있다.

이제는 과학자들이 해결해야 할 문제라고 수학자들이 생각했던 문제 —즉, 이 우주를 설명해 주는 기하학이 의구인지 아니면 진짜 구인지 혹은 평면인지에 대한 문제— 는 20세기에 접어들어서도 과학자들의 관심을 끌지 못했었다. 이렇게 중대한 문제가 관심 밖으로 밀려났던 가장 큰 이유는, 이에 대한 답이 과학적으로 가능하다는 것을 과학자들이 인식하기까지는 상당한 시간이 필요했기 때문이다.

이는 저절로 떠오를 수 있는 문제가 아니었다. 처음부터 작은 일부분밖에 볼 수 없는 우리가 전체 세계에 적용되는 기하학이 무엇인지 알아보기 위해 무엇을 어떻게 착수해야 하는지 모르기 때문이었다. 우리가 이 우주 전체에 적용되는 기하학을 짐작해 보는 일이 가능하다는 것은 마치 고래등에 붙어 있는 따개비가 고래 전체에 적용되는 기하학이 무엇인지 알아보는 것과 같은 일이었다. 이 의문에 대한 답을 찾을 수 있으며 그 원리가 어떠해야 함을 최초로 인식한 사람은 알베르트 아인슈타인이었다.

1915년 아인슈타인은 일반 상대성 이론을 발표했는데, 이는 현재 인간이 접근할 수 있을 만큼 짧은 거리에서 이루어진 관찰을 종합하여 보면 우주처럼 거대한 것에 적용되는 기하학을 추론할 수 있다는 이론이다. 이 이론의 핵심은 다음과 같은 상황으로 설명이 가능하다. 우리 자신이 지구 표면의 어느 부분을 걸어서 여행하여 지구의 생김새를 알아내는 지도 제작자라고 하자. 최고의 장비를 갖추고 남쪽, 서쪽, 북쪽의 세 방향을 차례로 100마일씩 걷기 시작했다. 이제 정확하게 100마일을 동쪽으로 걸어가면 한 변이 100마일인 정사각형의 네 변을 따라 걸었기 때문에 결국 처음 출발했던 장소로 돌아오게 된다. 이를 예상한 우리는 도보여행의 마지막 구간에서 속력을 좀더 빨리 하여 예상했던 것보다 더 빨리 목적지에 도착한다. 이 때 거리를 측정하면 100마일보다 작은 기록을 보게 되는데, 그 수치는 99마일 정도일 것이다. 그렇다면 출발점이 이동한 것인가 아니면 측정 도구가 문제인가, 어느 것이 정답일까?

이 문제에 대한 답은 상식에서 찾을 수 있다. 이 때의 오류는 동서남북 네 방향이 서로 수직이어야 하는 평평한 지구에 대한 가정에서 비롯되었다. 출발점이 이동한 것도 아니고 측정 도구에 오류가 있었던 것도 아니다. 사실상 이는 지구가 평평한 평면이 아니라는 사실을 알려 주고 있다. 지구는 대략 구의 모습을 하고 있기 때문에 당초 가정했던 것처럼 우리가 걸어간 자취는 완벽한 정사각형이 아니었다. 결론적으로 이 때의 기하학은 유클리드 기하학이 아니라 리만 기하학이었다.

도보 여행에서 실제로 일어나는 일은 다음과 같다. 북반구의 어느 지점에서 적도를 향하여 경선(經線)을 따라 남쪽으로 걸어간다. 100마일 되는 지점에서 위선(緯線)을 따라 서쪽으로 100마일을 걸어가고, 다시 북극을 향하여 경선을 따라 북쪽으로 100마일을 걸어간다. 이제 이 지점에서 출발점까지의 거리는 100마일보다 작은 거리인데, 그 이유는 북극에 가까이 가면 갈수록 경선은 좁아지기 때문이다(적도에 가까이 가면서 넓어진다).

(지금쯤 독자들은 이 장의 처음에 나오는 수수께끼에서 곰의 색깔이 흰색이라는 답을 얻었을 것이다. 사냥꾼들의 걸어간 자취가 삼각형이려면 처음의 캠프 지점은 북극이어야 하기 때문이다.)

오늘날, 천문학자들은 우리가 방금 지상에서 적용되는 기하학을 가설적으로 추론한 것과 같은 방식으로 우주에서 적용되는 기하학을 추론하고자 한다. 즉 지도의 어느 일부분을 매우 정밀하게 만드는 방법을 말한다. 이들은 자신들에게 그러한 기회가 주어졌다고 매우 고무되어 있는데 그 이유의 일부분은 아인슈타인과 그의 이론에 대한 확신 때문이었다. 또 다른 이유로, 이들은 이미 다양한 기하학을 충분히 이해하고 있었기 때문에 이제는 "비상식적인 감각"을 사고 과정에 충분히 통합시킬 수 있다는 사실을 들 수 있다. 이러한 비상적인 감각을 통하여, 우리는 가상의 세계를 포함하여 우리가 접근할 수 없는 낯선 것들에 대하여 느끼는 친밀감을 상식으로까지 확장할 수 있게 되었다.

아인슈타인의 이론을 숙지한 현대 우주론자들은 보통 망원경과 전파 망원경을 사용하여 별과 그리고 밝게 빛나는 가스와 먼지 덩어리들로 이루어진 물질의 분포를 조사한다. 그들이 의도하는 바는 우주에 적용되는 기하학을 찾아내는 것이다. 지금까지 행한 그들의 관찰은 분명한 답을 줄 수 있을 만큼 정확하지는 않지만, 그러나 이 우주에 적용되는 기하학이 마치 가우스, 볼리아이, 로바체프스키 등이 발견한 기하학들과 흡사한 것처럼, 이제는 좀더 많은 것을 보기 시작했다.

어떤 의미에서 이와 같은 잠정적인 과학의 결론을 권투 시합에 비유한다면 역사적으로 유클리드 기하학을 찬양하는 행위를 대상으로 내뻗은 좌우 연타의 두 번째 주먹인 셈이다. 지난 수천 년에 걸쳐 내려온 상식에 대한 수없이 많은 주먹 세례를 잘 알고 있는 우리로서는 도대체 이렇게 광범위한 우주를 연구하는데 상식이라는 것을 과연 믿을 수 있는 것인지 어리둥절할 수밖에 없을 것 같다. 요약한다면, 과연 우리의 상식이라는 것이 범우주적으로 통용될 수 있을까?

비유클리드 기하학을 인식하고 이해한다면 이 질문에 답할 수 있을 것이다. 현재 수학자들이 인식하고 있는 사실은, 세 종류의 기하학과 관련된 세 종류의 세계가 높은 곳에서 바라보면 서로 다르게 보이지만 아주 근접한 거리에서 바라보면 서로 잘 구분할 수 없다는 것이다.

이러한 관찰은 모델의 표면을 이용하여 쉽게 그려 볼 수 있다. 먼 거리에서 넓은 시야로 바라보면, 의구와 진짜 구 그리고 평면들이 서로 혼동되는 일은 없다. 그렇지만 이들에게 가까이 다가가서 좁은 시야로 바라보면 이들은 모두 똑같은 평면으로 보인다.

이 사실은 우리의 선조들이 곡면으로 된 지구 표면을 평평한 것으로 잘못 판단하였던 추론과정과 일치하였을 것이라고 생각한다면 그리 놀랄 일은 아니다. 그렇지만 수학적 관련성은 얼마든지 다른 방식으로 생각할 수도 있었다. 가까이서 볼 때, 적용되는 기하학은 모두 리만 기하학이라든지 아니면 로바체프스키 기하학이라고 판단할 수도 있을 것이다. 그렇지만 사실상 유클리드 기하학만이 그 몫을 하였고, 바로 이 사실이 우리가 상식적으로 유클리드 기하학을 받아들였던 이유이기도 하다.

모든 것은 규모에 대한 문제로 집약된다. 유클리드 기하학을 상식이라고 인정하였던 것은 인간성이나 인간을 둘러싼 환경 자체와는 사실 아무런 관계가 없다. 우리가 2000년 전의 유클리드 기하학이 범우주적으로 통용되리라고 확신할 수 있었던 것은 우리 경험의 규모와 감각적인 안목 때문이지 결코 인간중심주의 때문인 것은 아니다. 어쩌면 이 우주에는 우리처럼 제한된 안목 때문에 지식 역사의 초창기부터 유클리드 기하학을 숭배했을 것으로 생각되는 다른 생물체가 살고 있을지도 모른다.

그렇다면 아이러니컬하게도 비유클리드 기하학을 알게 되며 습득한 비상식적 감각 때문에, 우리는 상식이라는 것을 얕잡아보기도 하며 동시에 우러러보기도 했었다. 상식을 얕잡아 보는 이유는, 그것이 이 세계 그리고 그 너머의 세계를 파악하는데 결코 신뢰할 만한 지침이 아니라는 것을 알고 있기 때문이다. 그러면서 동시에 상식을 우러러보는 이유는, 대기권 밖의 삶이 대다수의 천문학자들이 믿는 것과 같다면 우리의 상식이 진정 범우주적으로 통용될 수 있음을 수학적으로 정확하게 확신할 수 있기 때문이다.

11. 신념에 관한 소고

- 괴델의 정리 -

사실에 입각하여 질서 정연하게 주장된 것은 결코 완벽한 진리를 포용하지 못한다.

보리스 파스테르나크(Boris Pasternak)

오십 년 전까지만 하여도 수학자들에게 진리라는 말은 논리적 증명과 동의어로 통했다. 어떤 가정이 논리적으로 증명될 수 있다면 그 가정은 참이지만, 그렇지 못하다면 거짓이었다. 이 때문에 수학자들이 살던 세계는 환상의 세계였는데, 그 세계에서는 모든 것을 참 또는 거짓으로 증명할 수 있기 때문에 신념이라는 것은 필요하지 않았다. 반면에, 수학자를 제외한 나머지 사람들의 세계는, 진리를 판단할 때 주로 신념에 의존하는 것이 더 익숙한 세계이다. 특히, (종의 기원에 대한 다윈의 진화론이나 목적론과 같은) 논쟁의 여지가 많은 가설은 증명할 수도 없고 또 앞으로도 결코 증명이 불가능할 것 같은 데도 불구하고 진리처럼 받아들여진다.(목적론: 하느님의 존재를 증명하기 위한 주장의 하나로, 우주는 질서 정연한 기계처럼 이지적인 목적을 지닌 존재, 즉 하느님이 계획하거나 감독하는 것이라는 이론이며 다윈의 진화론과 정면으로 대립되는 논증—옮긴이)

그렇지만 1931년 비엔나의 논리학자 괴델이 논리적으로 증명할 수 없는 수학적 명제가 항상 존재함을 증명하면서 수학자들이 살던 환상의 세계는 이제 현실적 세계로 바뀌었다. 어느 날 갑자기 주관성이라는 것이 수학의 세계에 한몫을 차지하게 되었는데, 그 이유는 수학적이든 그렇지 않은 것이든 간에 증명할 수 없는 명제를 받아들이는 유일한 방법은 신념에 의존해야 하기 때문이었다. (수학자들이 대체로 육감이나 직관에 의해 가설을 형성하는 한, 주관성은 항상 뒷전에 머물러 있어야 했다.) 이는 아직까지 완벽하게 결말지어지지 않은 시작에 불과한 것이었다. 수학자들은 증명될 수 없는 진리가 존재할 것이라는 가능성을 마지못해 인정할 수밖에 없었지만, 그러나 괴델 이후의 새로운 세계에서 신념이 차지하는 위치가 어느 정도인지는 아직 정확하게 판단할 수 없었다.

실제로, 세기가 바뀌는 시점에서 처음으로 수학자들의 구세계는 새로운 세계로 대치되기 시작하였다. 증명에 있어 절대적으로 확실한 근거로 여겨졌던 논리조차 의혹의 눈길을 받게 된 것이다. 영국의 논리학자 러셀과 같은 수학자들은 전통적인 논리를 다시 구성하지 않고는 결코 해결할 수 없는 논리적 자가당착과 만났다. 이를 해결하기 위한 방법이 어떤 것이어야 하느냐에 관해 수학자들은 활발한 토론을 벌였지만, 이는 문제를 더욱 더 복잡하게 만들 뿐이었다.

당시 이러한 전개 과정은 상당한 우려를 자아냈는데, 그 이유는 당시의 수학자들이 유클리드가 자신의 기하학적 명제를 추론하던 방식, 즉 몇 개의 주어진 가정에서 출발하여 대수적 명제를 논리적으로 추론하는 데 모든 노력을 다 하고 있었기 때문이다. 사실 이는 매우 중요한 연구였다. 수세기 동안 하나의 학문으로서 대수학은 제멋대로 발전해 왔으며, 증명 과정도 없이 받아들인 것이 너무나도 많았기 때문에 이제 어떤 수학자도 그 전체의 논리성을 확신할 수 없게 되었기 때문이다. 그렇지만 논리에 대한 과제를 어떻게 해결할 것인가에 대한 논쟁이 1930년대까지 지속되면서 그러한 노력이 과연 성공할 것인지에 대한 결과는 결코 예측할 수 없었던 불완전한 상황이었다.

1931년 괴델은 논리만으로 증명될 수 없는 수학적 진리가 항상 존재함을 증명하여 위의 노력을 중단하게 하였고 떠들썩했던 논쟁을 잠재웠다. 그 효과는 충분히 놀랄 만한 것이었지만, 괴델의 업적을 더욱더 드높인 것은 논리를 사용해서 논리를 단죄했다는 사실이다.

그가 행한 방법은, '논리를 사용하여 이 가설은 참이라고 증명할 수 없다'와 같은 가설을 생각해 보자는 것이었다. 이는 최근 텔레비전 상업광고에 나오는 어떤 남자가 한 여자에게 물어보는 "아니오라고 말할 때 당신이 정말로 의도하는 답은 예라는 사실이 맞습니까?"라는 속임수 같은 질문과 유사하다. 이와 같은 독특한 자성적 표현(self-referential wording) 때문에 괴델의 가정은 참이라고 가정하든 거짓이라고 가정하든 어쩔 수 없이 모순에 이른다.

우선, 논리에 의해 어떤 가설이 참이라는 것을 증명하였다고 생각해 보자. 참으로 증명되었다는 사실은 "이 가설이 참임을 증명할 수 없다"는 주장에 모순임을 뜻하는데, 이는 실제로 그 가설이 거짓임을 의미한다. 요약하면 어떤 가설이 참임을 보임으로써 우리는 그 가설이 거짓임을 증명한 셈인데, 이는 얼토당토않은 난센스이다.

한편, 논리에 의해 어떤 가설이 거짓이라는 것을 맨 먼저 증명하였다고 생각해 보자. 이는 "이 가설이 참임을 증명할 수 없다"는 주장을 확인한 셈인데, 이는 실제로 그 가설이 참이라는 것을 의미한다. 가설이 거짓임을 보임으로써 우리는 그 가설이 참임을 증명한 셈인데, 다시 한 번 얼토당토않은 난센스이다.

동시에 이와 같은 분석의 결과, 자명한 사실을 얻는다. "논리를 사용하여 이 가설이 참임을 증명할 수 없다"는 가설은 참이다라는 것이다. 어떤 가설이 참이 됨을 증명하였다고 말할 수 없는데, 그 이유는 만일 그렇게 된다면, 우리 자신이 전체적으로 논리적 모순에 빠지기 때문이다. 단지 우리가 말할 수 있는 것은 '어쨌든 간에 그 가설은 분명히 참이다!'라는 사실이다.

이상의 결과가 괴델에게는 계시와 같은 역할을 하여, 이와 같은 방식에 따르는 무한 개의 수학적 가설이 있을 것이라고 추측하게끔 하였다. 즉, 논리를 초월하여 분명하게 참인 가설이지만 논리를 사용하면 증명될 수 없는 가설들이다. 나는 여기서 이러한 가설을 "증명될 수 없는 진리"라고 지칭하겠다.

괴델의 결론은 증명될 수 없는 진리가 수학에 얼마나 많이 있을 것인가를 일일이 열거하는 것이 아니었다. 더군다나 수학자의 능력 중에서 논리를 뛰어넘는 어떤 능력이 논리적으로 증명할 수 없는 대수적 명제를 인식할 수 있는지 그 성격을 명확하게 하는 것도 그가 내린 결론이 아니었다. 그러므로 수학자들이 활동하는 세계는 원칙상 다음과 같다. 즉, 모든 수학의 가설은 잠재적으로 증명할 수 없는 명제들이며, 그러한 명제라고 생각되는 가설의 당위성을 판별하는 데 도대체 어떤 종류의 원칙을 논리를 초월하여 적용할 것인지가 아직 명쾌하게 결론지어져 있지 않은 세계이다.

대수학에서 그와 같은 가설의 한 예로 골드바흐의 추측이 있는데, 모든 짝수는 두 소수의 합으로 나타낼 수 있다는 가설이다.(소수는 1과 자기 자신에 의해서만 나뉘어지는 수로 1, 3, 5, 7, 11, 13, 17, 19, 23 등이 있다.) 예를 들어 짝수 2, 4, 6, 8은 모두 두 소수의 합으로 나타낼 수 있다(각각 1+1, 1+3, 3+3, 1+7).

이 추측은 1742년 독일의 아마추어 수학자인 골드바흐(Christian Goldbach)가 제기하였는데, 그는 이를 저명한 스위스 수학자 오일러에게 가져갔었다. 오일러도 이를 증명할 수 없었고, 이 추측이 2,000,000까지의 수에 대하여 성립하는 것이 밝혀졌지만 아직 아무도 증명하지는 못했다.

괴델의 관점에서 본다면, 거의 250년 동안 수학자들은 골드바흐의 추측이 참임을 증명할 수 없었다는 사실이 암시해 주는 것은, 현재까지 결점이 발견되지 않은 추측이지만 그럼에도 불구하고 증명이 불가능한 참인 명제이거나 아니면 명백하게 거짓인 명제라는 사실이다. 그리고 점점 시간이 흘러가면서, 증명 자체가 어려워지는 이 추측에 대하여 그것이 거짓인 명제이거나 아니면 증명이 불가능한 참인 명제인가에 대한 구분도 점점 불확실해진다.

점점 더 시급하게 수학자들을 압박하는 문제는 얼마나 더 기다려야 하며 무엇이 가능한지 정확하게 판단할 수 있는 기준이 무엇이냐는 것이다. 수학의 명제에 대한 판단과 관련하여 "가능성"이란 단어를 사용하면 괴델 이전의 환상적인 수학 세계에서 볼 때 매우 낯설겠지만, 이제는 그러한 판단의 중요성과 정확성이 과소 평가될 수는 없다.

절대적인 증명을 위하여 이런 방식을 택할 것인가 아니면 다른 방식을 택할 것인가에 대하여 어떠한 결정도 내려지지 않는다면, 참일지도 모를 추측이 일종의 수학이라는 지옥에서 헛되이 존재할 것이다. 그리고 잘못된 결정이 내려진다면 거짓일지도 모를 추측이 다른 대수적 결론에 대한 근거로서 부적절하게 계속해서 사용될 것이다. 어떤 경우이든 결정은 최종적인 것이 아니라 계속적인 것이 될 것이다.

준거에 대한 문제는 특히 중요한데, 그 이유는 괴델의 결론이 어떠한 준거든지 그것의 유일한 근거는 필연적으로 논리를 초월한 신념의 원칙이라는 것을 보증하기 때문이다. 어느 것이든 신념의 원칙을 수학에 적용한 결과, 비록 그 변화의 정확한 성질이 대부분 채택된 특정 원칙에 의존하겠지만 이는 수학의 특성을 변화하게 만들었다.

확립된 신념의 원칙들 사이에서 수학자들이 택할 수 있는 선택의 폭은 매우 넓지만, 두 가지 형태의 극단으로 압축할 수 있다. 나는 이들을 신념에 대한 세속적 원칙과 신비주의적 원칙으로 부르고자 한다.

세속적 원칙에 따르면, 하나의 가설이 성립함을 극히 단순하게 설명할 수만 있다면 그 가설은 잠정적으로 참이라고 선언한다. 이와 같이 이 원칙은 하나의 가설이 성립하게 되는 증거를 설명하면서 동시에 지적으로 심미적이라는, 즉 이성의 판단하에 이해될 수 있으며 정확해야 된다는 확신을 반영하고 있다.

이는 16세기에 코페르니쿠스가 당시 널리 퍼져 있던 지구 중심설을 불신하며 태양계의 태양 중심설을 확신하게 하였던 신념의 원칙이었다. 물론 이들 두 이론이 눈앞에 전개되는 현상을 모두 설명해 주는 것은 사실이다. 지구가 태양계의 중심을 점하고 있다는 가설하에서 행성의 운동을 관찰하려면, 지구 중심론자들은 다소 복잡한 태양계 모델을 상정해야 했다. 이와는 대조적으로 코페르니쿠스에 의한 태양 중심론의 모델이 제시하는 질서 정연하고 대칭성이 있는 행성들의 궤적이 지적으로 볼 때 보다 설득력이 있었다. 그와 같은 준거만으로도 코페르니쿠스는 지구 중심설을 파기하고 태양 중심설을 설파했던 것이다.

이러한 세속적 원칙은 이제 현대 과학에서 신념의 규준이 되어, 일반적으로 오컴의 면도날 법칙(Occam's Razor 경제법칙 또는 절약법칙)이라고 한다. 이는 14세기 초 실체는 필요 이상으로 확장해서는 안된다는 사상을 최초로 설파한 스콜라 철학자 윌리엄 오브 오컴(William of Occam)의 이름에서 나왔다. 19세기의 저명한 오스트리아의 과학자 에른스트 마하(Ernst Mach)는 이를 부연하여, 과학자들로 하여금 객관적이고 정확한 증거를 설명해 주는 가설에만 자신들의 신념을 부여하도록 지침을 마련해 주었다. (오컴의 면도날 법칙은 단순화 법칙을 뜻한다. 오컴은 자신의 법칙을 매우 자주 언급하였으며, 오컴의 면도날이라고 불릴 정도로 아주 날카롭게 사용하였다.—옮긴이)

세속적 원칙과는 대조적으로 신념에 대한 신비주의적 원칙은, 가설들이 그 증거를 얼마나 잘 설명해 주는가 뿐만 아니라 이들이 모든 사물의 존재 이유를 말해 주는 철학과 잘 조화되는지에 따라서도 판단되어야 한다고 강조한다. 그리고 세속적 원칙은 우리들의 오감으로 어떤 가설의 진위를 실증할 수 있다고 추론되지만, 신비주의적 원칙은, 가설의 진위를 판명하는 데 존재의 이유는 감지할 수 없지만 반드시 고려해야 하는 부수적인 요인임을 말해 주고 있다.

이러한 신념의 원칙 때문에 19세기의 목적론자(세계 안에서 일어나는 모든 일을 어떤 목적과 관련지어 설명하는 방식—옮긴이)들의 부주교격인 페일리(William Paley)는 소위 "계획적 창조(argument-from-design)"라는 자신의 가설을 확신하며 다윈의 진화론을 배격하였다. 그렇지만 이 두 가설은 각각 자신의 주장을 정당화하는 증거를 모두 확보하고 있었다. 종의 기원을 과학적으로 설명하기 위해, 다윈은 다양하고 조화로운 동식물의 세계를 그 존재의 목적성을 배제한 채 해석하였다. 다윈에게, 이들 세계의 다양성과 조화성은 돌연변이 중에서 환경에 가장 잘 적응하는 것들만 선택하는 필연적 과정의 결과로 여기에는 누군가의 어떤 의도도 담겨 있지 않다는 설명이다. 다윈의 세속적 가설과는 대조적으로 창조론을 지지하는 신비주의적 가설은 똑같이 다양하고 조화로운 세계를 어떤 의도를 갖고 있는 창조자의 작품으로 설명하고 있다. 다윈의 가설과는 달리 이와 같은 계획적 창조는 신비주의적 신념의 원칙에 충실한 것으로, 이 때문에 페일리는 이를 설파하며 다녔다.

다윈과 벌인 유명한 논쟁에서, 페일리는 하느님의 계획적인 창조를 다음과 같이 설명하였다. 당신이 기차를 타고 가다가 높은 언덕에 '메사추세츠 주에 오신 것을 환영합니다' 라는 글귀가 적힌 바위를 보았다고 하자. 당신은 누가 의도적으로 그 바위들을 세웠을까 의심 없이 볼 수도 있겠지만, 어떤 사람은 여러 해에 걸쳐 자연적으로 일어난 지질학상의 변화 때문에 우연히 일어난 일이라고 치부할지도 모른다. 그 사람의 생각은, 지상에서의 삶은 의도적인 것이 전혀 끼여들지 못한다는 신념에 따른 것이다. 그렇지만 당신이 실제로 어떤 입장을 취하는가를 불문하고 그 바위들을 보면서 이제 메사추세츠 주에 진입하였구나라고 생각했다면, 당신은 필연적으로 목적론적 해석을 하였다고 인정한 셈이다. 그렇지 않다면 당신의 행동은 불합리한 것인데, 두 입장을 동시에 지닐 수는 없기 때문이다.

이번에는 사람의 눈을 생각해 보자. 앞에서 이야기한 바위의 경우처럼 감각기관으로서 인간의 눈은 어떤 의도에 의해 생성되었거나 아니면 진화론에서 보여 주듯이 우연히 만들어진 것으로 생각할 수 있다. 그렇지만 어떤 생각을 하든 간에 이 세상은 어떤 모습을 띠고 있을 것일까를 알아보려고 눈으로 직접 확인한다면 결국 당신은 목적론이 진리라는 사실을 인정한 셈이다. 결론: 뇌를 포함하여 매우 독특한 우리 인간의 감각 기관 하나하나에 대하여 비슷한 주장을 펼 수 있으므로 인간의 신체는 하느님이 의도적으로 창조한 것이다.

수학 세계에는 현격한 대립을 보이는 두 가지 철학이 늘 있어 왔는데, 이들로부터 뚜렷하게 구별되는 신념에 대한 두 개의 원칙이 등장한다. 이들은 세속적 원칙과 신비적 원칙의 변형이라 할 수 있다.

세속적 철학을 지지하는 자들을 형식주의자라고 부른다. 이들은 수학이야말로 순수하게 인간의 의식이 창조한 것으로 믿고 있는데, 이들에 따르면 수학적 가설은 현실에 실재하는 어떤 것을 언급하지 않는다. 따라서 어떤 가설을 증명하였다는 것은 마치 정말 하늘을 날아다닐 수 있는 비행기와 같은 어떤 구체적인 사물을 창조한 것과 같다.

형식주의와 대립되는 것이 플라톤주의로서 신비주의와 비슷한 철학을 지지하는 사람들이다. 플라톤주의자들에게 수학이란 과학과 같아서, 인간의 의식과는 독립적으로 존재하는 진리를 발견하는 절대적으로 확실한 수단이다. 그들에게 수학적 가설이란 현실과 유리된 수학적 진리로서의 실재적 사물을 언급하는데, 이를 증명하였다는 것은 지구 중심설과 같은 과학적 가설을 검증하는 것과 같다.

진작부터 나는, 오랫동안 풀리지 않는 수학적 가설에 대하여 플라톤주의와 형식주의자들 사이에는 언제든지 논쟁의 불꽃이 점화될 수 있다고 예상할 수 있었다. 그 논쟁이란 골드바흐의 추측처럼 논리만으로 참과 거짓을 결정할 수 없는 가설들을 어떻게 평가하느냐에 대한 두 집단의 입장에서 비롯된다. 형식주의자들은 그러한 가설을 실패한 발명품으로 간주하는 경향을 보인다. 이들의 입장은, 250년에 걸친 노력에도 불구하고 그 발명품을 증명할 수 없다는 사실을 날지도 못하는 비행기를 만든 것에 비유하여 이 비행기는 앞으로도 영영 날 수 없을 것으로 간주한다.

반면에 괴델을 포함해서 플라톤주의자들은 골드바흐의 추측과 같은 수학적 가설을 현대적인 다윈주의와 같은 과학적 가설로 생각한다. 즉, 증명이 불가능하지만 그럼에도 불구하고 이 가설은 계속해서 발견되는 증거에 의해 사실로 확인되는 추세이다.

논리적으로 확정되지 않았으며 앞으로도 논리적으로는 확정될 가능성이 없는 가설들이 항상 존재하리라는 사실을 보증하는 괴델의 결론을 일단 받아들이자. 그렇다면 수학의 세계에서 이와 같은 불협화음은 신의 존재성에 대하여 벌어지는 일반 속세의 불협화음과 마찬가지로 앞으로도 빈번히 일어날 것이다.

그 동안에 오늘날의 수학자들이 사는 세계에서는 더 이상 진리라는 말이 논리적 증명과 동일하지 않을 뿐더러, 논리적 타당성을 믿는다는 사실은 결국 단지 신념의 문제로 귀착될 것이다. 이는 어떠한 논리 체계도, 사실상 참인 모든 수학적 명제를 증명할 수 없을 뿐만 아니라 그 자체의 논리적 일관성을 검증할 수 없다는 사실을 괴델이 보였기 때문이다. 다른 말로 한다면 논리를 믿는 것은 세속적인 신념의 원칙이나 신비주의적 신념의 원칙과 마찬가지로 주관적인 의식구조에서 비롯된다. 논리 그 자체는 더 이상 논리적으로 혹은 객관적으로 검증될 수 없기 때문이다.

그렇다고 논리를 의심할 수 없는 것으로 여겼던 수학자들의 전통이 괴델의 결론과 반드시 양립할 수 없다는 것을 말하는 것은 아니다. 논리와 마찬가지로 한때나마 지상의 멋진 삶의 의미에 대한 신비주의같은 신념에 기초를 두고 의심의 여지가 없다고 널리 인식되었었던 지구 중심설을 생각해 보라. 최근에 지구중심설은 현대 과학의 실체와 더불어 빚어진 갈등을 해소하였는데, 이는 지구가 더 이상 기하학에서 중심적인 역할을 못한다 하더라도 그래도 생명체가 살 수 있는 태양계의 유일한 장소라는 인식에 바탕을 두고 있다. 어쩌면 다가오는 미래에 논리의 확실성에 대한 수학자들의 오랜 믿음도 비슷한 방법으로 현대 수학의 실체와 화해를 모색할지 모르겠다. 괴델이 내린 결론 때문에 논리는 수학자 세계의 중심에서 쫓겨나는 신세가 되었지만, 그 희귀성 때문에 신념의 여러 원칙들 중의 하나로 중심에서는 벗어나지만 그래도 나름대로의 독특한 영역을 자리잡을 수 있었다. 그것은 자신의 결함을 인정할 줄 아는 신념의 열정적 형태를 말하는 것이다.

12. 흐릿한 수정 구슬

- 확률론과 통계 -

몇 개 안 되는 개체만으로도 우리가 아는 것은 확실한 것일 수 있다… 진실을 확인하는 가장 주요한 수단은 확률에 기초한 것이다.

라플라스(Pierre Simon de Laplace)

자연 세계에 대한 물리학자들의 탐구 결과 우리는 불확실성을 받아들이게 되었다. 한때 과학자들이 완벽하게 예언할 수 있다고 믿었던 원자 운동도 이제는 그렇지 못하다는 것이 밝혀졌다.

예측 불가능한 변화를 예측하기 위해서 우리는 확률에 대한 수학적 이론과 그의 현대적 산물인 통계학의 힘을 빌리게 되었다. 어떤 경우에는 이들만이 우리가 살고 있는 예측 불가능한 세계를 예측할 수 있는 유일한 길이다.

주사위 눈과 같이 기껏해야 확률에 의해 나타낼 수 있는 시행은 예측 가능성의 정도에 따라 완벽하게 예측 가능한 시행(예를 들어 지구 주위를 도는 달의 운동)과 완벽하게 예측 불가능한 시행(난수표 발생기의 산출) 사이의 어느 한 곳에 위치할 것이다.

한쪽 끝에 있는 완벽하게 예측 가능하거나 그 결과가 결정되어 있는 시행은, 그 결과가 엄격한 법칙에 따라 결정되는 대상에서 가장 공통적으로 발견된다. 그러한 대상의 시행 결과는 현재의 상태와 그 후의 전개 상황을 지배하는 법칙을 안다면 완벽하게 예측할 수 있다. 예를 들어, 천문계의 모든 물체들은 완벽하게 중력에 따라 춤추고 있으므로 그 움직임은 미리 결정되어 있다.

18세기 초에는 핼리 혜성과 같은 천체계 운동을 훌륭하게 예측하였고, 이로 말미암아 당세기의 많은 과학자들이 어떤 사물의 변화든지 결국에는 매우 정확하게 예측할 수 있다고 생각하였는데, 여기에는 인간의 행동까지 포함하고 있었다. 현재 우리는 그 어떤 변화를 예측하는 것이다. 핼리 혜성이 언제 다시 돌아오는지(1986년 4월로 예측하였음) 훨씬 더 정확하게 예측할 수 있음은 두말 할 필요가 없다.

예측 가능과 불가능을 늘어놓은 직선상의 한쪽 끝에는 철저하게 예측을 불허하는 변화가 존재하는데, 이는 그 변화가 어떤 법칙의 지시에 따르지 않는 물체에서 예견된다. 알려진 바로는 그렇게 터무니없이 변덕스러운 변화는 매우 드물며 어쩌면 발생하지 않을지도 모른다. 물리학과 사회학의 양 분야에 종사하는 과학자들은 철저하게 예측 불가능하거나 혹은 혼돈스러운 자연현상을 아직 발견하지 못하고 있다. 이는 과학자들에게 매우 편리한 구실을 제공하는데, 우주 전체의 변화는 철저하게 이치에 맞아야 한다는 것이 과학의 신조이기 때문이다. 따라서 예측 불가능한 변화는 결코 이치에 맞는 것이 아니다.

그렇지만 혼돈(chaos)을 설명해 주는 자연스러운 모델이 존재하지 않는다는 사실은, 완벽하게 임의적인 모델을 만들기 위해 혼돈 연구에 관심을 갖고 있던 많은 수학자와 과학자들에게는 어려운 도전이 되었다. 사실상 내가 알고 있는 바에 따르면 지금까지 만들어진 혼돈에 대한 모든 모델의 변화도 그 자체 안에 예측이 가능한 패턴이 있는 것으로 판명되었다.

완벽하게 예측이 가능한 것과 어떤 예측도 철저하게 불가능한 두 극단의 사이에는 이 세상에서 우리가 자주 발견하는 종류의 변화들이 있다. 개별적 수준에서는 어떤 법칙에도 따르지 않지만, 집단적인 수준에서는 엄격한 법칙에 따르게 되는 변화들이 그것이다. 그러한 것이 바로 확률적 변화(즉, 확률에 의해서만 나타낼 수 있는 변화)의 역설적 특징이다.

예를 들어, 그 체계가 확률적 변화에 따르는 것으로 알려진 방 안에 가득 찬 공기 분자 중에서 어떤 분자 하나의 속도는 0에서 초속 186,000마일(빛의 속도) 사이의 그 어느 것도 될 수 있다. 이를 의인화하여 표현하면, 어떤 한 분자는 운동 속도를 자유롭게 선택할 수 있음을 뜻한다. 그렇지만 동시에 여기에는 열역학의 법칙이 존재하여 이에 따라 "자유 선택"의 경향 전체를 예측할 수 있는 패턴이 규정된다. 이 법칙에 따르면, 어떤 속도는 다른 속도들보다 실내 온도에 따라 더 잘 나타나거나 덜 나타나는 경향이 있다.

방 안에 있는 분자들이 처해 있는 상황은 어설프나마 다음과 같은 상황에 비유할 수 있다. 한 방에 모여 있는 배고픈 사람들에게 각자 세 종류의 점심 식사 중 하나를 선택할 수 있지만, 공급되는 식사의 각 종류별 양은 제한되어 있다는 발표를 하는 것이다.

그러한 체계는 곧 혼돈을 초래하며 어떤 결정을 강요하는 것이어서 예측 불가능함에도 불구하고 예측 가능한 것처럼 보인다.

그와 같은 처리 과정에 대한 수학을 전개하는 데 있어, 확률론은 확률적 체계의 미래 상황을 가능한 한 정확하게 예측할 수 있는 수학적 수단을 제공한다. 이는 실내에 있는 공기 분자들의 경우에도 우리가 그 전개 상황을 전체적으로 예측할 수 있음을 뜻하는데, 이 경우에 달리 간섭을 받지 않는다면 그 상황은 고정된 온도에서 그 방에 한정된 채로 있다. 그러나 이 때 개별 분자 각각의 미래 상황은 예측 대상이 아니다.

무엇보다도 먼저 확률론은 "확률"이라는 용어가 정확하게 무엇을 뜻하는지 명확하게 해 준다. 이는 가설적으로 정의된 용어로, 한 쌍의 주사위와 같은 확률적 시행을 무한 번 시행하였을 때 특정 결과가 얼마나 많이 발생하는지 100번 중에서 그 횟수를 나타낸다. 예를 들어, 6의 눈이 두 번 나올 확률이 백분의 삼이라는 말은, 무한히 던지는 시행을 하였을 때 그 결과를 놓고 본다면 백 번 던질 때마다 약 세 번 정도 그 사건이 발생한다는 뜻이다. 이는 우리가 주사위를 백 번 던질 때마다 매번 두 개의 6의 눈이 세 번 나온다는 뜻은 아니다.

말할 것도 없이, 확률의 정의를 문자 그대로 받아들일 때, 이를 그대로 적용하기는 불가능하다. 우리는 실제로 한 쌍의 주사위 또는 다른 확률의 시행을 무한 번 시도할 수는 없다. 따라서 이론적으로 정의된 확률을 실제로 측정할 수는 없다. 그렇지만, 확률론에서 볼 때 대단히 많은 시행의 결과를 관찰한다면 이론적 확률에 근접하는 그 어떤 것을 측정할 수는 있다. 여러 번 시행하면 할수록 확률의 측정값은 어떤 특정한 값에 점점 더 가까이 집중된다. 이 값, 또는 근접한 값이 이론적 확률이다.

수십 년 동안 아기의 출생과 동전 던지기를 추적한 관찰자가 있다면 그는 출생한 아이가 남자일 확률은 동전을 던져 뒷면이 나올 확률과 거의 같아 100 중의 51 정도라고 말할 것이다. 이들은 확률의 측정값이지만, 각각의 경우에 수천만 번의 시행과 같은 매우 큰 수의 시행 결과에 근거한 것이어서 정확한 이론적 확률에 매우 가까이 갈 것으로 기대된다.

확률론이 확률적 행위가 뜻하는 바를 명확히 한다면, 무엇이 확률적 행위를 결정짓는 특징인지 인식하는데 확률의 파생물인 통계가 그 역할을 담당할 것이다.(이들은 확률적 행동이 어떤 예측 능력을 지니고 있는지 말해 주는 특징임을 상기하라.) 따라서 통계학자들은 종종 예측이 불가능한 것으로 보이는 행위가 앞으로 어떻게 전개될 것인가를 마술(내 동료의 표현을 빌리면)을 부려 예측할 수 있다. 이러한 관점에서 보면, 통계학자들은 현대 수학을 이용하는 점쟁이에 가깝다.

통계학자들이 중점을 두어 노력하는 분야는 표본추출에 관한 것이다. 즉, 모집단의 확률적 행위에 대한 통계학자들의 모든 결론은 그것이 실내의 공기분자이건 또는 한 마을의 사람이건 간에 모집단에서 얻은 표본의 행위를 연구하여 얻은 것이다. 원칙적으로 통계 표본에 포함된 개개인들은 모든 면에서 그 모집단을 대표해야 한다. 실제로 좀더 분명한 방식으로 대표성 있는 표본을 선택하는 것이 대개 그럴듯하게 여겨지고 있다. 사람들의 모집단에 이 방식을 적용하면, 인종, 성별, 나이, 납세 계층을 포함한다.

통계학자들에게는 대표성이 있는 표본을 선택할 때에 대부분 자신만이 사용하는 개인적인 기법이 있다. 단 하나의 관점에서 이들 각각의 기법의 성공 여부가 결정되는데 다름아닌 그것들이 주는 정보가 모집단의 정보를 얼마나 정확하게 제공하느냐에 달려 있다. 표본이 추출될 때 얼마나 효율적인가, 또 그것이 모집단을 대표하는 것으로 검증되는 방식, 사용된 특정 기법에 따르는 다양한 요인에 의해서 다양한 기법들이 존재한다.

갤럽(George Gallup)은 모집단의 특성에 대하여 매우 신뢰할 만한 예측을 하는 것으로 널리 인정받은 기법을 사용하는 통계학자이다. 당연한 일이지만, 갤럽은 매우 신속하고(정보를 얻기 위해 방문조사나 전화를 이용한다) 신뢰할 만한(미국 국민들에 대한 인구통계학의 광범위한 정보를 갖고 있어, 모집단의 실제 축소판에 해당하는 통계적 표본을 추출한다) 방법을 사용하고 있다.

일단 하나의 표본이 수집되면, 통계학자들은 전체 모집단의 특성에 대하여 예측 가능하게 만드는 결정적 단서로 표본을 구성하는 인자들의 특성을 평가하게 된다. 이들 특성을 통계치라 하는데, 통계학자들이 구별하는 여러 변인 중에 다음의 세 가지가 확률적 특성의 결과를 예측하는 데 특별히 중요한 역할을 한다. 즉, 통계적 비율과 통계적 평균, 통계적 상관관계가 그것이다.

통계적 비율은 한 표본에서 특정 성질을 갖는 개체들의 단순한 비율이다. 공기 분자의 경우, 이 통계치는 빠른 속도로 움직이는 분자의 비율을 가리킬 것이다. 그와 같은 비율을 파악한 통계학자는 분자를 갑자기 방산하였을 때 이들이 얼마나 빠르게 퍼뜨려지는지 예측할 수 있다. 어떤 비율을 아는 것이 유용한지 그리고 일단 이를 알았을 때 얼마나 정확하게 예측할 수 있는지 결정하는 것이야말로 통계학자들이 부딪치는 문제 중의 일부이다. 이와 같은 성격의 질문에 대하여 단 하나의 정답은 없는데, 이러한 부정확성은 수학자들이 통계학을 과학이면서 동시에 하나의 기술이라고 언급하는 한 가지 이유이기도 하다.

A.C. 닐슨 사는 텔레비전 회사의 중역들에게 정보를 제공하기 위해 통계적 비율(시청률—옮긴이)을 측정하는 새로운 산업을 창조하였다. 그들의 통계 표본은 미국인들을 대표한다고 판단되는 사람들의 가정에 비치된 1,500대의 텔레비전으로 구성되었다. 각 가정의 가족들에게 자신들이 선호하는 시청 프로그램의 자료를 보관하도록 하여, 이 정보를 토대로 닐슨 사는 여러 다양한 쇼를 시청하는 자신들의 표본에서 시청 인구의 비율을 파악한다. 닐슨은 이 비율을 시청률이라 부르는데, 텔레비전 회사의 간부들은 이 숫자를 이용하여 다음 시즌에 어떤 쇼를 다시 방영할 것인지 결정하며, 우리들 대부분도 이를 예측할 수 있게 된다.

우리들의 시청 습관이 텔레비전 산업계에는 너무나도 잘 알려져서 많은 경우에 어떤 쇼는 방영되기도 전에 성공적일 것으로 예측할 수 있다. 이는 다시 한 번 확률적 특성에 대한 모순되는 성질을 말해 주는데, 개개인을 볼 때 우리들이 어떤 텔레비전의 쇼를 볼 것인가에 대하여 겉으로 보기에는 자유로운 선택을 하지만 여러 사람들을 모아 놓으면 그에 대한 예측이 가능한 것도 사실이다.

통계에서의 평균은 확률적 특성에 대한 예측 가능성의 어떤 면을 드러내는 통계표본의 또 다른 특성이다. 그것은 대부분 평균적 특성을 가리키는데, 이는 표본에서 관찰되는 여러 특성 가운데에서 어떤 의미에서는 대표적인 특성을 말한다. 그런데 이는 다시 실제 모집단의 무수히 많은 특성들의 대표적인 특성이기도 하다. 한 모집단에서 가장 유력한 특성, 예를 들어 초콜릿에 대한 선호도와 같은 특성일수록 평균적인 특성을 결정하는 데에서 비중이 더 크다.

보험 회사들은 일반적으로 통계값에, 특히 평균값에 의존하는 것으로 알려져 있다. 평균값은 그들의 이익의 원천이기도 한 보험통계표의 기본이다. 여러 해 동안 생명보험회사들이 이익을 내고 있다는 사실은 확률적 특성의 예상 가능성뿐만 아니라 우리의 생명이 언제 끝나는가와 같이 겉으로 보기에 예측 불가능한 것을 예견하기 위해 수학을 성공적으로 이용할 수 있다는 사실을 충분히 증명하고도 남는다. 오늘날 생명보험회사들은 특정 습관, 성격, 물려받은 유전 인자, 인종, 소득 등등에 따라 사람들의 수명을 정확하게 예측할 수 있다.

확률적 특성을 결정하는 요인을 밝히는 데 공통적으로 사용하는 세 번째 통계값은 상관관계이다. 상관관계를 추정하기 위해 통계학자는 적어도 두 개의 서로 다른 표본을 갖고 작업해야 한다. 이 중 하나는 실험하려는 모집단을 대표하기 위해 추출된 표본으로 통제집단(control group)이라 부른다. 다른 하나는 흡연과 같은 어떤 특성에 의해 구별되는 개인들이 대부분 또는 전부 그 구성원인 표본이다. 두 집단 사이에 완벽한 비교를 통해 뚜렷한 불균형이 드러난다면, 이들은 표본을 구별짓는 것으로 알려진 한 특성(흡연)에 연계된 것으로 생각할 수 있다. 실제로 흡연자 집단과 통제집단 사이에서 과학자들은 흡연집단보다 통제집단에서 폐암 발생률이 더 낮다고 결정하였다. 따라서 폐암은 흡연과 상관관계가 있다고 말할 수 있다.

그와 같은 상관관계는 흡연자가 그렇지 않은 사람보다 폐암에 걸리기가 쉽고 더 일찍 사망할 수 있다고 예측하는 데 사용된다. 생명보험회사들은 이와 같은 종류의 상관관계에 매우 특별한 관심을 기울이는데, 그 이유는 이들이 유리한 피보험자와 불리한 피보험자를 구별하는 지표이기 때문이다. 어떤 보험회사들은 위험성이 적은 피보험자에게 특별히 낮은 할증료 정책을 제공한다는 광고 캠페인의 근거로 상관관계를 사용해 왔다. 예를 들어, 운전 면허가 없는 건강하고 비흡연가인 중년의 백인 여성에게 특별히 낮은 생명보험요율을 적용하는 것이다. 이는 폐암과 흡연, 고속도로상의 사망과 젊은이, 폭력에 의한 죽음과 젊은 흑인 청년 사이에 발견되어 온 높은 상관관계와 일반적으로 남자의 수명이 여자의 수명보다 짧다는 결과에서 비롯되었다.

유감스럽게도, 확률적 특성을 예측하기 위해 우리가 사용한 같은 수단들은 고의건 고의가 아니건 간에 그 자체에 영향을 주는 데에도 사용되어 왔다. 예를 들어, 우리가 예측할 수 있는 집단의 특성에 관한 정보를 제공하여, 통계는 한 개인의 자유 선택에 있어 어떤 간섭도 받지 않는 확률적 특성의 예측 불가능성과 같은 혼돈을 거의 사라지게 만들 정도로 영향력을 발휘할 수 있다. 그와 같은 상황에서, 우리의 행동은 핼리 혜성의 움직임처럼 이미 결정되게 마련이다.

1980년 레이건과 카터가 대결한 대통령 선거에서 그와 같은 일이 미약하지만 그래도 눈에 뜨일 정도로 일어날 수 있다는 우려에 꽤 많은 사람들이 동의하고 있다. 서부에서 투표 마감이 있기 몇 시간 전에 텔레비전 방송사들은 이미 동부의 선거 결과에서 추출한 표본에 기초를 두고 레이건의 승리를 예측하고 있었다. 이것이 서부 유권자들에게 실제로 영향을 미쳤었는지 현재 우리는 알 수 없지만, 승자를 지지하는 사람이건 패자를 지지하는 사람이건 또는 기권하는 사람이건 간에 어쨌든 유권자에게 용기를 주기도 하고 낙담시키기도 하여 영향을 미쳤을지도 모른다.

한편, 통계는 어떤 특성을 차별하거나 또는 이것과 결합하여 사람까지 차별하는 데 남용될 수도 있다. 예를 들어, 어떤 사장은 하나의 평균값 때문에 유능한 회사원의 자질과 맞지 않는다고 어떤 사람을 고용하지 않을 수 있다. 같은 방식으로 레스토랑의 주인은 종종 혼자 식사하려는 여자에게는 음식을 제공하지 않는데, 그 이유는 혼자 식사하는 여자는 평균적으로 팁을 적게 주며 보통 사람들보다 자리를 오래 차지한다는 통계학자의 결론 때문이다.

통계를 적절하고 민감하게 응용한다 하더라도, 미래에 가장 커다란 영향을 주는 것으로 역사상 증명된 인간 행동의 결과를 예측하는 데 그것이 얼마나 유용한지는 분명하지 않다. 통계는 역사적인 인간 행동에서 예측 가능한 측면만을 드러내 줄 뿐이다. 그렇지만, 역사적으로 가장 중대하다고 판명된 인간 행동은 예측 불가능한 측면이었다.

증기기관과 컴퓨터와 같은 기술 혁신은 통계적으로 평균에서 벗어난 사람들의 의식에서 비롯되었다. 그렇지만, 일반적으로 예수, 소크라테스, 뉴턴, 아인슈타인과 같은 사람들의 세상 출현은 예측 불가능할 뿐더러 너무나도 영향력 있는 것이어서 역사적 행동에서 그들 존재가 미치는 영향을 분석하는 것은 혼돈 그 자체이다.

확률적 행동이 어떻게 결정지어지는지 예측하는 수단을 통계학에서 발견하였듯이, 그것의 혼돈스러운 측면을 예측하는 수학적 수단을 언젠가는 발견할 수 있을지 물어 보는 것은 자연스러운 일이다. 그와 같은 수단을 발견한다면, 인간의 행동은 완벽하게 미리 결정지어지며, 인류와 우주의 전체 미래를 전망할 수 있게 될 것이다. 현재 이러한 일이 일어날 확률은 매우 적은 것처럼 보이지만, 0은 아니다. 우리 행동의 한 측면이 혼돈스러우며 예측 불가능하다는 사실 자체 때문에라도 겉으로 보기에는 불가능한 것이 일어날 가능성이 항상 존재한다.

13. 체커 게임과 체스 게임

- 2인 게임 이론 -

단 한 줄기 냉정한 이성의 빛이 비추어도
요정같은 환상이라는 서리꽃은 녹아 없어지리라!

로저스(Rogers), 회상의 즐거움(Pleasures of Memory)

인간이 다른 동물과 구별되는 것은 생각하는 능력 때문이라고 종종 이야기 된다. 그렇지만 나는 항상 이 말을 들을 때마다 인간이라는 종족에 대한 자만심을 다소 모호하게 표현한 것에 불과한 것이라고 생각하였다.

실제로 "생각하는 능력"에는 어떤 것들이 있으며, 우리는 이를 어떻게 판별할 수 있으며, 이렇게 불분명하게 정의된 능력을 우리 자신이 어느 정도 갖고 있단 말인가? 이들 질문에 대한 답을 얻어야만, 동물종족 사이에서 우리 자신의 상대적 위치를 제대로 평가하여 올바른 자리에 우리 인간의 위치를 정할 수 있을 것 같다.

이를 이루고자 내가 여기에서 제안하는 여러 수단 중에 게임이론이 포함되는데, 이는 합리적 갈등에 대한 수학적 연구이다. 나의 이론을 달성하기 위하여 초점을 둔 것은 두 사람 사이에 벌어지는 제로섬 게임 이론으로, 이는 승자 한 사람에 상대방이 반드시 패자가 되는 게임으로, 예를 들어 틱택토 게임(tick-tack-toe: 오목게임과 같은 규칙의 삼목게임—옮긴이)과 같은 것이다.

어째서 이러한 형태의 게임이 생각하는 능력을 평가하는 적절한 수단이 되는가 하면 이것이 엄밀한 추론에 입각하여 벌어지는 합리적인 논쟁과 관련 있기 때문이다. 두 사람 사이의 제로섬 게임에서 감정은 어떤 역할도 하지 못한다. (하나의 요인으로 감정이 작용하는 경우는, 두 사람 사이에 발생하지만 제로섬 게임이 아닌 경우, 즉 보다 넓은 시장에서 벌어지는 경쟁 사업과 같이 승자의 이익과 패자의 손실이 똑같이 상쇄되지 않는 게임이거나 아니면 세 사람 이상이 참가하여 벌어지는 게임의 경우이다.) 게임의 승자는 참가하는 사람의 생각하는 능력에 따라서만 엄격하게 결정된다는 사실 때문에 두 사람 사이의 제로섬 게임은 "적자 생존 프로그램"이 연출되는 완벽한 연극 무대를 제공할 수 있을 것이다.

게임 이론에서는 그 합리성을 보장하기 위하여 게임의 성격에 대한 어떤 특별한 가정이 필요한데, 어떤 의미에서 이들 가정은 의사당의 규칙과 같은 것이다.

우선 첫째, 참가한 두 사람은 능력이 같다고 가정한다. 즉, 대등한 위치에서 자신들의 지혜를 겨루는 것이다. 참가자들은, 냉정하게 어떤 행동을 취할 것인가를 결정하기에 앞서서 있을 수 있는 모든 수를 심사숙고할 것이다. 그래서 우리의 목적을 위해 또 하나의 가정을 설정하는데, 그것은 참가자들이 똑같이 게임 진행의 모든 측면을 완벽하게 파악하고 있다는 가정이다. 이와 같은 가정이 효력을 발하는 게임을, 완벽한 정보가 제공되는 게임이라 부른다. 체커나 체스를 포함하는 이러한 게임에는 참가자 사이에 어떤 비밀도 없다. 반면에 포커나 브리지와 같이 불완전한 정보를 제공하는 게임에서는 비밀이 있을 수 있다.

이러한 종류의 게임에 관한 게임 이론에서 발견되는 가장 중요한 결론이 여기에 전개되는 적자생존 프로그램의 기초를 형성할 것이다. 1921년 독일 수학자 폰 노이만(John von Neumann)이 증명한 이 결론은, 두 사람이 진행하며 완벽한 정보를 제공하는 모든 제로섬 게임에는 이와 관련하여 유일무이한 최적전략이라는 것이 존재한다는 사실이다. 최적전략이라는 명칭은 두 사람이 진행하며 완벽한 정보를 제공하는 제로섬 게임에서 각 참가자는 이를 따르는 것이 최선의 결과를 얻을 수 있다는 사실에서 유래된 것이다.

"최선의 결과를 얻는다"는 것이 무엇을 의미하는지 이해하려면, 우선 게임 이론의 참가자는 항상 모든 면에서 동등한 상대편과 맞서 있다는 것을 기억하여야 한다. 이를 인식한다면, "A"는 "B"가 승리를 쟁취하기 위해 게임 내내 같은 능력과 같은 정신력으로 노력한다는 점을 이해할 것이다. 이와 같은 상황에서 A가 선택할 수 있는 유일한 합리적인 전략은 B의 성공 확률을 최소화하여 그에 따라 자신의 손실을 최소화하는 것이다. 그렇지만, 이와 똑같은 추론을 상대편 B도 하고 있기 때문에, 각 참가자가 바라는 최선은 그 자신이 최악의 상황에서도 가장 좋은 상태로 게임을 마치는 것이다. 이것이 최적전략의 정의이다. 이를 따르면서 참가자는 다음과 같이 생각하며 안심하고 만족한 상태에 놓일 것이다. 상대방이 나 자신과 지적으로 동등하며 나를 이기기 위해 같은 수단과 열망이 있음을 고려한다면, 나는 더 잘하기는 고사하고 더 못한 상황으로 게임을 끝냈을 수도 있었을 것이라고.

최적 전략은 게임의 참가자들에게 무승부를 보장하든가 아니면 어느 한 쪽이 이길 것이라고 예상할 수 있는가에 따라 두 가지 범주, 즉 공정하거나 불공정한 어느 한 편에 놓인다. 두 사람이 진행하며 완벽한 정보를 제공하는 제로섬 게임인 틱택토는 공정한 최적전략을 갖는다. 따라서 틱택토를 진행하는 중에 상대편과 무승부를 이룰 수도 있다. (틱택토 게임의 최적전략으로는 첫번째 수가 결정적이다. 즉, 먼저 하는 사람이 구석에다 말을 놓으면 그 다음 사람은 가운데에 말을 놓으면서 응수한다.)

두 사람이 진행하는 완벽한 정보를 제공하는 제로 섬 게임으로 고대로부터 내려오는 게임인 님(Nim) 게임에서 각 참가자는 쌓아올린 한 무더기의 막대기에서 어떤 정해진 수의 막대기를 차례로 끄집어 낸다. 이 때 마지막 막대기를 집어 내는 사람이 승자이다. 님 게임은 불공정한 최적전략 게임인데, 그 이유는 이 규칙을 따를 때 처음 시작하는 사람이 항상 이기고 그 다음 사람은 언제나 패하기 때문이다.

두 사람이 진행하며 완벽한 정보를 제공하는 제로섬 게임에 최적전략이 있다는 사실이야말로 이들 게임에 참가하는 사람들의 생각하는 능력을 측정할 수 있는 좋은 기회이다. 그 기회란, 게임의 최적전략을 생각해 낼 수 있는 참가자들은 게임에 대한 도전감이나 흥미를 상실하고 만다는 관찰에서 비롯된다. 즉, 두 사람이 게임의 최적전략을 알고 있다면 게임을 시작하기도 전에 이미 그 게임의 결과를 알아버린다. 따라서 이들은 더 이상 게임을 하고자 하는 의욕을 상실할 것이다.

게임의 최적전략이 공정한 경우에는, 최적전략을 생각해 내는 참가자들이 자신들의 게임은 무승부로 결말지어지리라는 것을 안다. 게임의 최적전략이 불공정한 경우에는 최적전략을 생각해 내는 참가자들이 누가 이기고 누가 질 것인지 미리 알 것이다. 두 경우 모두 게임의 최적전략을 생각할 만큼 충분한 능력이 있는 참가자들에게는 결과가 미리 정해진 의미 없는 조작에 그치고 만다.

그러므로 우리가 어떤 종족의 성인이 어떤 게임을 즐기는가를 관찰할 수 있다면, 이 종족의 생각하는 능력에 대하여 매우 정확한 평가를 할 수 있을 것이다. 달리 말하면, 어떤 종족의 성인이 틱택토 게임을 즐긴다면, 그 게임이 흥미를 돋우는 자극을 주기 때문이라고 가정할 수 있다. 이는 그들이 그 게임의 최적전략을 생각해 내지 못했다는 것을 의미한다. 그러므로 틱택토를 즐기는 그들의 생각하는 능력은, 그 게임은 결과가 미리 정해지는 의미 없는 조작으로 어린아이 장난에 불과하다고 무시해 버리는 종족의 생각하는 능력보다 열등하다고 판단한다.

이러한 평가 구도를 인간에게 적용한다면 우리 자신은 즉각 틱택토 종족을 초월하는 종족이 된다. 우리 성인들이 생각하는 능력은 틱택토 게임에 의해 전혀 자극을 받지 못하는데, 그 때문에 이 게임은 대부분 아직 최적전략을 생각하지 못하는 어린이들에게 인기가 있다.

체커 게임에서는 우리 자신이 생각하는 능력의 한계까지 다가갈 수 있다. 체커 게임을 즐기는 경험 있는 많은 사람들은 일종의 전략을 수행할 수 있는데, 이는 그들이 게임 이론에 따라 존재하는 유일무이한 최적전략을 생각할 수 있다는 것을 전적으로 보여 주는 사실이다.

우리 자신의 생각하는 능력을 말해 주는 데 좀더 가까이 접근한 게임은 체스이다. 체스는 지성인들 사이에서 보다 더 인기 있는 게임으로 여겨지는데, 이는 체스가 우리 정신 세계에 보다 더 자극적이라는 증거이기도 하다. 사람들은 체커 게임의 대가보다는 체스 게임의 대가를 더 우러러보는 경향이 있다. 러시아의 체스 대가는 마치 왕족처럼 교육받고 대우받는다. 이 나라에서(미국—옮긴이)는 최고의 체스 전문가에게 그와 같은 환대를 아낌없이 베풀지는 않지만, 그래도 우리는 그들을 일종의 천재로 여기는 경향이 있다. 바비 피셔(Bobby Fisher)는 재능과 기행으로 엄청난 평판을 받는 미국 체스 전문가의 한 예이다.

체스에 쏟아붓는 지대한 관심과 흥분 섞인 도전에 대한 증거로 최근에 우리는 체스 게임을 하는 데에 컴퓨터의 도움을 받고 있음을 들 수 있다. 몇몇 성공적인 전략을 찾는 데 컴퓨터의 도움을 받았지만, 아직 유일무이한 최적전략을 발견하지는 못하였다.

만일 어떤 종족이 자신들의 추론 능력으로 체스 게임의 최적전략을 수행할 수 있다면, 체스 게임은 그들로부터 위에서와 같이 흘러 넘치는 찬사와 주목을 받을 수는 없을 것이다. 이와 같이 체스를 초월하는 종족에게 체스는, 마치 우리가 틱택토를 그렇게 여기듯이 아주 사소한 오락에 지나지 않을 것이다. 체스를 초월하는 사람은 시합을 할 때에 미리 다음 수를 내다보는데, 그 결정은 다음 수에 대한 경우의 수로 수십조의 수십조 가지에 달하는 수 중에서 선택한다. 그는 시합의 결과를 미리 확실하게 예측할 수 있는데, 체스 게임에 대한 최적전략이 공정한지 또는 불공정한 것인지(우리는 그 중 어느 것인지 모르고 있다)에 의해서 그 결과가 무승부이거나 어느 한 쪽이 승자가 될 것인지를 예측할 수 있다. 그러므로 이러한 사람들이 체스 게임을 즐길 수 있는 유일한 방법은 최적전략을 사용하지 않기로 동의하였을 때 뿐이다.

어떤 게임이 흥미를 자극하고 어떤 게임이 그렇지 않은지 처음부터 끝까지 그러한 게임의 목록을 작성해 본다면, 생각하는 능력이라는 이론적 척도상에 우리 자신이 어디에 위치하는지 대충이나마 파악할 수 있다. 지금까지 살펴본 몇몇 관찰에 따르면, 인간의 생각하는 능력의 한계를 고려할 때 하나의 종족으로서 인간의 위치는 체커와 체스 사이의 어느 지점이 되지 않을까 추측한다.

사실상 우리 자신의 적절한 위치가 어딘지 파악하기 위하여 게임 이론을 이용하였는데, 여기서 우리 자신이 무한한 존재가 아닌 측정 가능한 한계가 있다는 점을 깨달았다. 특히 이와 같은 사실은 다른 종족보다 우월함을 과시하는 방식으로 인간에 대한 정의를 사용하는 자들에게는 신랄한 지적이 아닐 수 없다. 우리 자신의 위치가 체커와 체스의 중간 지점에 놓여 있다는 사실은 우리의 생각하는 능력에도 등급이 있으며, 같은 척도상에서 다른 종족이 우리보다 높거나 낮은 수준에 위치할 가능성이 있을 수 있다는 점을 시사하는 바이다.

우리의 생각하는 능력을 평가하기 위하여 적용해 본 게임 이론은 우리 자신에 대한 또 다른 사실을 알려 준다. 즉, 생각하는 능력의 측면에서 그러하듯 오락적인 측면에서도 우리 자신을 다른 종족과 구별할 수 있다는 점이다. 우리가 게임에 흥미를 갖는다는 사실로부터 어떤 사람은 우리 인간에게 생각하는 능력이 있는 증거라고 추측할 수 있겠지만, 사실은 그와는 반대로 보다 높은 수준의 사고를 할 수 없다는 증거도 된다. 어떤 종족이 생각하는 수준에서 보다 높은 위치에 있으면 있을수록 그 구성원들은 그 게임에 대한 흥미를 점점 더 잃을 것으로 예상되기 때문이다. 인간이라는 사실이 무엇을 의미하는지 게임 이론이 우리에게 알려 준 이와 같은 측면을 인식한다면, 우리 자신이 최정상에 있지 않다는 점에서 우리는 그저 행복할 뿐이다.

14. 야생의 외침

- 삼자(三者) 게임 이론 -

우리의 내부에는 모험가가 자리잡고 있다.
이 모험가는, 우리가 당연히 그렇게 되어야만 하는
사회적 인간이라는 사실과 경쟁을 벌이며
애정을 구걸한다.

윌리엄 볼리토(William Bolitho)

경제적으로 어려운 시기에는 우리 인간들의 최선과 최악이 동시에 드러나는 것 같다. 어느 날 갑자기 사람들은 좀더 탐욕스러워지기도 하면서 좀더 후한 모습을 보이고, 더 치열한 경쟁심을 보이는가 하면 보다 더 협조적이며, 실용적면서 동시에 철학적이 되고, 보다 더 집착하는 모습을 보이는가 하면 동시에 더 많은 것을 체념하기도 한다. 어쩌면 인간은, 장기간에 걸쳐 자신의 이익을 얻어 내려면 개인적으로 처신하는 것이 더 나은지 아니면 사회적으로 처신하는 것이 더 나은지 판단할 수 없기 때문에, 어떤 처신을 해야 할지 결정할 수 없는 것 같다.

이성적으로 추론되는 갈등이론인 게임 이론에서, 이와 같은 한 개인의 사적(私的) 인격과 사회적 인격 사이의 긴장은 결국

협동에서 오는 피할 수 없는 결과라고 생각된다. 때때로 사람들은 사회가 자신들에게 강요하는 요구를 뿌리치고 개인적으로 처신하는 것이 더 좋은 결과를 얻을 수 있다고 느낄 때가 있다. 게임 이론에서 예상되는 사실은, 협동에 얽히면 그에 따르는 어려움도 자연히 발생하지만, 한편으로 그 반대의 경우에는 상황이 더 나빠질 수도 있음을 암시한다.

인간은 그 자신의 특성에서도 그러하지만 상황적으로 볼 때도 사회적 동물이다. 사회를 형성하기 위해 협동하고자 하는 동기 유발은 단 두 사람만이 결부된 상황에서도 드러난다.

예를 들어 죄수의 딜레마라고 알려진 두 사람의 게임을 생각해 보자. 한 지방 검사가 함께 살인을 저지른 것으로 의심받는 두 사람에게서 자백을 얻어 내려고 하는 게임이다. 지방 검사는 다음과 같은 제안을 한다. “상황 증거를 제시하는 사람은 풀어주지만, 다른 한 사람은 20년형을 받을 것이다. 그런데 두 사람 모두 자백을 한다면 각각 5년형을 받을 것이다. 그리고 아무도 자백을 하지 않는다면 아무리 형을 줄인다 해도 적어도 1년형은 받게 될 것이다.” 딜레마는 여기에 있다. 즉, 죄수들이 생각할 때, 잘못해도 5년형이고 잘만 하면 풀려날 수 있다는 추론을 하여 각자 자백을 하는 것이 낫다고 판단한다면, 두 사람 모두 5년형으로 그치기 때문이다.

여기서 개인 행동을 하지 말아야 하는 이유가 발생하는데, 만일 죄수들이 서로를 신뢰하여 자백하지 않기로 약속만 한다면 그들에게 닥치는 최악의 상황은 1년형에 불과하기 때문이다. 동시에 그러한 협상은 또 다른 문제를 제기할 수 있다. 예를 들면,

이 경우에 각자 상대방이 배신할 가능성을 고려해야 한다. 게다가 이 때의 협상이란 오히려 게임을 복잡하게 만들 뿐만 아니라 해결을 불가능하게 할 수도 있다.

이와 같은 상황은 세 사람에게 300달러를 분배하는 단순한 게임과 같은 경우이다. 다수결 원칙을 적용한다고 가정하자. 자발적인 합의만 이루어진다면 각자 100달러를 받을 것이다. 그렇지만, 이 때 현실 상황에서와 같이 어느 정도의 이기주의와 기회주의를 허용한다면, 한 사람을 제외시키면서 둘이 짜고 각자 150달러씩 가지려는 상황을 생각해 볼 수 있다. 이 때 소외된 사람이 포기하지 않고 다시 게임에 들어가 이 중 한 사람을 꾀어내어 더 많은 금액을 준다고 약속하는 것이다. 그런데 이렇게 잠정적인 합의에 도달하였다 하더라도, 버림받은 사람이 다시 같은 제안을 하여 상황을 복잡하게 만들 수 있고 이러한 과정을 무한정 되풀이할 수 있다.

세 사람 또는 그 이상의 사람이 참여하는 어떤 게임에서도 이러한 종류의 갈등은 필연적인 것이어서 수학적으로는 해결이 불가능하다. 즉, 세 사람 혹은 그 이상의 사람들이 무제한 경쟁하면서 협상을 하고자 할 때, 우리는 그들의 "사회"가 불안정할 것이라고 예상할 수 있다.

영국의 철학자 홉스(Thomas Hobbes)는, 사회에서 소외된 사람들이 무정부주의자들처럼 행동할 것이라는 자신의 논문에 대한 증거로 위에서 관찰한 사실을 채택하였다. 300달러를 놓고 경쟁을 벌이는 세 사람이 무정부 상태를 만들지는 않을 것이다. 분명한 사실은 어떻게든 자신들의 게임을 해결하고자 하는 욕구가 있다는 점이다. 영국의 철학자 로크(Jhon Locke)도 각 개인이 개인적으로 행동하는 무정부 상태가 인간의 자연 상태라고 믿었다. 자신의 '시민 정부에 대한 두 번째 논문'에서 다음과 같이 기록하고 있다. "이러한 분쟁의 상황을 피하는 것은… 인간이 자신을 사회에 내맡겨서 자연 상태를 회피하는 가장 큰 이유이다." 그러므로 사회란 인간 스스로가 만든 목적이며, 이를 달성하기 위해 사람은 "자신을 그 사회의 모든 것에 대한 의무에" 속박되도록 한다.

역사적으로, 우리는 자연 상태에서 최선의 길을 찾기보다는 "자연 상태를 포기"하려는 욕망에 합의를 해 왔다. 협력 관계가 있는 게임 이론에 따르면, 안정된 사회는 그 구성원 모두에게 공정한 사회이다.

그렇지만 이는 여러 다른 방식으로 해석될 수 있다. 예를 들어, 일단의 사람들이 "공정(equitable)"이라는 단어를 경제적 의미에만 그 뜻을 한정시킨다면, 어떤 합의도 없을 것이다.

사회주의자라고 자처하는 사람은 경쟁을 기각하며 사전에 모든 사람이 자신의 부를 똑같이 나누는 사실에 동의한다. 자본주의자라고 자처하는 또 다른 사람은 경쟁을 그대로 유지하는데, 다만 그 경쟁이 어떤 공정한 규칙에 따라 진행될 것을 요구하여 각 개인의 보수는 그의 사업과 동등하게 되도록 한다. 이때 누군가가 시민의 자유에 적용되는 평등의 개념에 대해 이의를 제기할 수도 있다. 아인 란드(Ayn Rand, 1905년 러시아에서 출생하여 미국에서 활동한 여류 소설가, 모든 성취는 개인의 능력과 노력의 결과이며 자유방임 자본주의는 개인의 능력을 발휘하는 가장 좋은 철학이고 이기주의는 선이며 이타주의는 악이라는 철학을 주장하였다—옮긴이)의 팬일지도 모를 어떤 사람은 한 사회의 정부는 "개인의 권리"에만 관심을 가져야 한다고 생각한다. 밀(John Stuart Mill)에 동조하는 또 다른 사람은 정부가 "공동 선"을 제공해야 한다고 주장한다.

철학적 이견에 대해서는 걱정하지 말자. 단순한 개인차는 일단의 모임이 응집력 있는 사회를 건설할 때 방해가 될 뿐이다. 게임 이론의 용어로 표현하면, 어떤 제휴라도 그 안정성은 구성원들에게 돌아가는 보수에 따라 전적으로 결정된다. 일반적으로 한 개인이 그 제휴에 결합하거나 남아 있기를 원하는 경우는 그렇게 함으로써 자신에게 돌아오는 몫이 더 많을 때라고 생각된다. 그렇다면 자신의 경쟁 능력에 자신감을 갖고 있는 사람은 자연 상태에서 자신이 성공하리라 보기 때문에 자본주의 체제를 선호하고, 소심하고 공손한 성격의 사람은 사회주의 체제를 선택할 것이다.

명백한 것은, 이들 장애에도 불구하고 많은 사회가 형성되었다는 점이다. 어쩌면 사회가 존재하기 위해 애쓰는 몸부림보다 더 처절한 몸부림은 이를 유지하기 위한 노력일 것이다. 사회를 창립한 사람들은 사라져 가고, 더 이상 자연 그대로의 상태에서 살지 않는 그들의 후손들은 사회를 형성하기 위한 협상에 매달릴 필요도 없으며 그 사회의 존재에 대하여 열정적으로 정당화시킬 필요도 없을 것이다.

미국과 같은 자본주의 사회에서 끊임없이 제기되는 문제 중의 하나는 자신의 개인적 부를 축적하려는 기업인에게 얼마나 많은 자유를 다른 사람에게 피해가 가기 전에 차단하느냐 하는 것이다. 즉, 이 기업가들이 300달러를 분배하는 세 사람의 경우와 같은 원시적 상황으로 자신들의 사회를 몰고 가기 이전에, 개인적 자유를 어디까지 그들에게 허용해야 할 것인가?

"국부론"이라는 고전 작품에서, 애덤 스미스(Adam Smith)는 자유방임 정책을 강력하게 지지하고 나섰다. 모든 사회 구성원들에게 자신의 부를 축적하도록 무제한의 자유를 허용함으로써 그 사회의 부를 증대시킬 수 있다는 것이 그의 믿음이었다. "각 개인이 … 자신의 자본을 사용하여 가내공업을 지원하기 위해… 할 수 있는 모든 노력을 기울이듯이…, 각 개인은 그 사회에서 자신의 연간소득을 할 수 있는 한 최대한으로 만들기 위해 필연적으로 일할 것이다."

사람들이 개인적으로 활동할 수 있도록 허용하면 할수록 그렇게 의도하지 않았음에도 불구하고 사람들은 보다 사회적인 행동을 취할 것이라는 점을 시사해 주기 때문에 스미스의 아이디어는 뛰어난 아이디어이다. 그렇지만 그의 아이디어가 시사하는 또 하나의 사실은, 사람들이 그 사회를 위하여 협조하게끔 법적 제재를 가하는 사회가 각 개인들의 의사에 따라 행동하도록 허용하는 사회만큼 발전하지 못할 것이라는 점이다.

1951년 미국의 수학자 내시(John Nash)는 '비협력 게임'(Non-Cooperative Games)이라는 알맞은 제목의 책에서 협력 게임의 현존하는 이론을 유익하게 전개해 나아갔다. 그 이론은 특히 자유방임의 사상을 다루는 정확한 수단을 제공하는 것 같다. 그 이유는 이 이론이 다자(多者)간의 게임을 언급하고 있는데,

여기서는 게임의 각 참가자가 (1) 자신의 개인적 부를 최대한 축적하기 위해 노력하고 있으며, (2) 몇 가지 일반적인 규칙에 따라 다른 참가자들과 연결되어 있으며, (3) 협력하고자 하는 의사를 직접 표현하기보다는 행동으로 보여 주고 있다. 내시의 가정이 스미스가 자신의 논문에서 피력한 상황과 일치하지만, 그가 내린 결론은 스미스가 진술한 기대를 완벽하게 확증해 주지는 못한다.

비협력 게임 중 되풀이되는 행위에서 내시가 발견한 첫번째 사항은, 게임의 결과가 두 종류의 평형상태 중 어느 하나로 전개될 것이라는 점이다. 내시는 이를 최선과 차선으로 묘사하였다. 이러한 경향으로 움직이는 것은 이와 같은 평형상태에서만이 게임의 참가자는 승자의 보상을 받거나 또는 패자로서의 벌칙을 당할 염려가 없기 때문이다. 그러나 이 중 어떤 평형상태도 개인의 관점에서 보면 유리하다 할지라도, 내시가 발견한 것은 오직 최선만이 집단의 전체 이익의 관점에서 바람직하다는 사실이다.

내시의 결론은 정체(stagnation)라는 비협조 게임의 방식으로 설명할 수 있는데, 여기서 각 개인은 그 집단에 머물거나 이탈할 수 있는 선택권이 있다. 이 때 적용되는 규칙은 현실적인 집단 심리학을 묘사하는데, 다수파가 집단을 이탈하면 다수파에 속한 각 개인은 1달러씩을 받는다는 규칙이다. 그렇지만 소수파가 집단을 이탈하고자 한다면, 이 때의 이단자들은 10센트씩 삭감하고, 뒤에 남는 다수파의 사람들은 벌칙을 받거나 어떤 보상을 받지 않는다. 참가자들은 어떤 행동을 취하기 전에 드러내 놓고 공동으로 협력할 수는 없지만, 대여섯 번의 게임을 치르고 난

후에는 다른 사람들의 예상 행동을 예언하여 어떤 형태의 행위를 반복함으로써 간접적인 의사소통을 시도할 수 있다. 자유방임 상태이건 아니건 간에 직접적인 의사소통이 언제나 가능하지 않은 대규모 사회에서 내시가 제시한 특정 가설은 매우 타당한 것 같다.

이 게임에서 발생하는 최적의 평형상태는 모든 참가자가 그 집단에서 이탈하는 것으로, 따라서 모두가 1달러씩을 받게 되는 결과이다. 이 때 차선에 해당하는 평형상태가 동시에 존재하는데, 그것은 모든 참가자들이 그 집단에 잔류함으로써 이탈자의 벌금을 물지 않아도 되는 상황이다. 게임의 진행에서 일단 둘 가운데의 어느 평형상태에 도달하면 실제로 각 개인은 자신의 태도를 바꾸려고 하지 않는데, 그렇게 하면 거의 결국에는 틀림없이 개인적 손실을 감수해야 하기 때문이다. 분명한 사실은 자유방임 정책이 참가자들 사이에 일종의 패거리 심리를 조장하고 있다는 점이다. 즉, 각자의 이익을 증대시킬 목적으로 서로 간의 태도를 예상함으로써 전체 집단이 가장 바람직한 운명에 처할 수도 있지만 가장 불행한 운명에 놓일 수도 있다는 말이다.

오늘날 우리 사회의 많은 분야에서 정체 게임에 나타나는 차선의 평형상태를 인식하는 것은 그리 어렵지 않다. 경제가 어려울 때, 주요 은행들은 금리를 올리면서 전체 상황을 더욱 어렵게 만드는데, 그 부분적인 이유는 각 은행들이 금리를 낮추는데 선두에 나서서 위험을 감수하기를 꺼리기 때문이다. 선착순으로 비행기 탑승을 기다리는 승객들은 출발 시간이 다 되었을 때, 어떤 한 사람이 탑승구를 향해 약간만 움직이는 것을 보면 갑자기 우르르 몰린다. 더 심각한 것은 범죄가 만연한 사회에서는 눈앞에서 벌어지는 범죄를 보고도 자신이 다칠까 겁을 먹고 범죄를 막는 데 끼여들려고 하지 않는다. 이들 예에서 집단 상황에 대처하는 '자신을 위해 모든 사람이 존재한다'는 이기적 반응은 문제 상황을 더욱 어렵게 만들 뿐만 아니라 그 사회를 차선의 평행상태로 더 깊이 몰고 갈 뿐이다.

어느 집단을 차선의 평형상태에서 벗어나도록 자극하는 것은 일반적으로 그 현상을 유지하려는 집단이 그대로 머무르려는 결정을 하였을 때에 벌칙을 부과하는 일이다. 보다 더 나은 것은 이를 파기하려는 결정에 보상을 해 주는 것으로, 예를 들면 심리학자 스키너(B.F. Skinner)가 제안한 방식으로 그것은 양적 보강을 해 주는 것이다. 이 두 가지 선택은 결국 중앙에서 어떤 권위있는 기관이 차선의 평형상태를 피하거나 벗어나도록 자발적 또는 법적인 조정을 할 필요가 있음을 피할 수 없게 한다.

앞에서 내가 든 첫번째 예를 보면 미국 연방준비은행(U.S. Federal Reserve Bank)이나 이와 상응하는 어떤 기관이 통화량을 늘려 금리를 낮추는 역할을 수행하는 것이다. 두 번째 예에서는, 항공사에서 승객들에게 탑승 순서가 정해진 비행기표를 갖고 비행장에 도착하도록 하면 된다. 마지막 예에서는, 범죄를 보고도 못 본체하는 사람을 처벌하는 법을 제정하거나 또는 보다 현실적으로 지방 정부가 지역방범 순찰대 설립을 추진하는 것이다.

차선의 늪에 빠진 사회에 속한 우리들 각자는, 비록 그것이 개인의 손해를 불러일으킨다 하더라도 우리 자신의 사회를 자극하여 적절한 평형상태에 이르도록 하는 행동을 취해야 할 도전에 직면하고 있다. 경제적 재앙과 만연해 있는 범죄, 높은 실업률과 같이 한 사회를 해체시킬 수 있는 위기를 극복하는 것은 어쩌면 현대의 인류가 체험하는 야만적인 상태에 가장 근접한 것일 수 있다. 이러한 위기의 와중에서 우리들 각자는 한때 우리의 선조들이 서로 협동하고자 최종적인 선택을 하기 위해 심사숙고했던 것과 같은 기로에 놓여 있는 상태이다. 결국 하나의 사회인 다자간의 게임은 우리들 각자와 관계 있는 두 사람 사이의 게임으로 되었다. 그래서 이는 고색창연한 빛을 띤 해묵은 상황이지, 결코 사회적 경향과 반사회적 경향들 사이의 합리적 경쟁은 아니다. 지나간 세월처럼 오늘날에도 사회를 유지하고자 하는 유혹과 사회를 벗어나 야생의 세계로 돌아가자는 외침 사이에 그 선택의 중심이 놓여 있는 셈이다.

15. 상상의 날개를 펴다

- 위상수학 -

형태란 과연 무엇일까, 겉모습이란 무엇일까?
그것이 영혼의 지표나 이를 담는 상자가 아니라면,

나다니엘 코튼(Nathaniel Cotton), 쾌락(Pleasure)

세월이 흐르면서 나이를 먹게 되면 어느 정도 외모가 변할 것이라고 생각하지만, 동시에 많은 부분이 변하지 않고 그대로 남아 있을 것이라고 예상한다. 최근에 있었던 대학 동창회에서도 이러한 생각을 떠올리게 되었다. 나이가 들어 외모는 변했지만, 각 개인의 독특한 행동 양식이나 인격으로 이들을 쉽게 알아볼 수 있었던 것이다. 이들을 만난 후 얼마 지나지 않아 나 자신은 더 이상 이들이 노년의 외모를 하고 있음을 의식하지 않고 마치 그 동안 아무런 변화도 없었던 것처럼 어울려 지냈다.

다른 분야에서도 변화의 와중에서 항상성이 존재하고 있음을 발견하는 비슷한 희열을 느끼는 사람들이 있다. 철학에서는 엘리아 학파가 그러했고, 종교에서는 불교 신자들이 그러했으며, 그림에서는 입체파들이, 그리고 수학에서는 위상수학자들이 그러했다. 실제로 수학의 몇몇 분야에서 변화 속에 숨어 있는 항상성의 개념은 근원적인 개념이다. 그것은 대칭을 연구하는 군론의 핵심이기도 하다. 1870년대에 변화 속에 숨어 있는 항상성의 개념은 수학자 클라인(Felix Kline)이 위상수학을 포함한 기존의 여러 종류의 기하학을 분류하기 위해 이용하였다.

위상수학 자체는 위상적 변형의 세 가지 특성인 구부리거나 잡아당기고 비트는 조작을 하여도 없어지지 않는 사물의 특성과 관련한 기하학이다. 예를 들어, 굴렁쇠의 주위를 따라 위치한 임의의 세 점도, 이 굴렁쇠를 아무리 구부리거나 잡아당기고 비틀어도 서로 간의 상대적 위치는 그대로 변함이 없다. 즉, 중점은 이들 사이에 위치하며 외부의 점은 이들 점의 어느 한 편에만 자리잡는다. 이와 같은 성질을 위상적 불변성이라 하는데, 그 이유는 위상적 변환이라는 호된 시련을 견디어 내고도 그대로 존재할 수 있기 때문이다.

위상수학은 사물에 대한 질적인 불변성에 집중하여, 각도, 가로, 세로 등등의 정확한 측정과 관련 있는 보다 널리 알려진 친근한 미터법 기하학을 보완해 주고 있다. 이는 우리 모두가 학교수학에서 배우는 기하학이지만, 원래가 2500년 전에 측량과 건축의 목적으로 개발된 기하학이었다. 사실상 기하학이라는 단어 geometry는 어원을 따져 볼 때 그리스어의 geo와 metrein이 결합하여 "토지를 측량한다"는 글자의 뜻을 함축하고 있다.

어떤 사물의 크기를 중요시하는 미터법 기하학자에게 점점 커지는 원은 변화를 의미한다. 위상적 불변성을 중요하게 생각하는 위상수학자에게 점점 커지는 원은 불변성을 의미한다. 미터법 기하학자는 증가하는 원의 둘레에 주목하라고 말한다. 그러나 위상수학자는 원의 겉모습에서 일어나는 피상적 변화를 무시하고, 원이 점점 커지는 과정에서 안과 밖이 뚜렷하게 구별되는 단일폐곡선이라는 불변의 성질에 주목한다.

그렇다면, 어떤 의미에서, 미터법 기하학자가 기하학적 대상의 덧없는 일시적 특성을 연구한다면 위상수학자는 그 본성을 연구하는 셈이다. 한 대상의 "존성(soul)"은 그것의 위상적 불변성을 모아 놓은 것이다. 왜냐하면 그 외 다른 어떤 것들보다 이들은 그 대상의 진수(眞髓, essence)이기 때문이다. 예를 들어 안과 밖이 없고 단일폐곡선이 아니라면 무엇이 원이란 말인가? 그리고 안에 구멍이 나 있고 겉면이 폐곡선으로 둘러싸인 것이 도넛이 아니라면 무엇이 도넛이란 말인가? 변하거나 변화하는 그 모든 것을 견디어 낼 수 있는 성질에 초점을 맞추어서 위상수학은 기하학적 존재의 가장 근원적인 측면을 연구하고 있다. 위상수학이 없는 기하학이란 형이상학이 없는 철학과 같은 것이다.

1736년 스위스의 수학자 오일러가 자신의 학문을 구축한 이래 위상수학자들은 기하학적 대상의 본성들이 어떤 것으로 구성되었는지 그리고 그들 사이에는 어떤 관련이 있는지 많은 것들을 알게 되었다. 예를 들어 그들이 알아낸 것은, 모든 대상은 본성(즉, 모든 대상은 위상적 불변성의 집합으로 특징지을 수 있다)을 가진다는 사실과, 그리 흔하지는 않지만 겉으로 보아 서로 다른 두 개의 대상이 실제로 서로 관련되어 있음을 인식하는 유일한 방법은 그들의 본성이 똑같음을 보여 준다는 사실이다. 그렇지만 아마도 위상수학이 남긴 가장 커다란 의미는 위상적 불변성을 상세화한 일이다. 이들을 앎으로써 위상수학자들은 기하학적 존재의 가장 중요한 특성을 발견한다.

지금까지 위상수학자들이 밝혀 놓은 가장 기본적인 세 가지 불변성은 차원, 변의 개수, 면의 개수이다. 이들 각각의 성질은 그 대상을 비틀거나 구부리고 또는 늘려도 변하지 않고 그대로 남아 있다.

이상적인 한 장의 종이 표면(이상적인 표면이란 두께가 없음을 말한다)은 이차원이며 하나의 모서리와 두 개의 면이 있다. 이 성질들은 본성인데, 그 이유는 우리가 종이의 형태를 아무리 변형시켜도 항상 이차원이며 하나의 모서리와 두 개의 면이 있기 때문이다. 같은 방법으로 이상적인 농구공 표면(이차원에 모서리가 없고 면이 두 개다)과 이상적인 원기둥의 표면(이차원에 두 개의 모서리와 두 개의 면이 있다), 그리고 생각할 수 있는 다른 모든 대상들을 고려해 볼 수 있다.

위상적으로 말하면, 성질이 같은 본성들은 동형(homeomorph)이라 한다. 이들은 위상적 불변성에서 서로 같기 때문에 위상적으로 동형(equivalent)이라고 취급한다. 보기 흉한 형태이지만 바람 빠진 농구공은 탱탱한 원래의 농구공과 동형인데, 구성하고 있는 면의 불변성이 서로 같기 때문이다. 사실상 구부리거나 비틀며 또는 늘려서 만들어지는 어떤 농구공의 모양도 서로 동형 관계에 놓여 있다.

동형 개념에서 추론할 수 있는 사실은 기하학에 대한 위상수학자의 관점이 현실에 대한 화가의 관점을 모방하고 있다는 점이다. 어떤 사물을 관찰하는 몇몇 화가들은 사물을 묘사하는 서로 다른 모든 방식을 고려하지만 그래도 그 사물의 핵심을 꿰뚫어 전달하고자 한다. 모네는 파리의 루앙 대사원을 그리기 전에 하루 중 서로 다른 여러 시간대에 걸쳐 어느 시간에 그릴까를 결정하면서 위와 같은 방식을 택했을 것이다. 비슷한 방식으로 사물을 관찰하는 위상수학자들은 그 사물의 서로 다른 모습들을 보지만 그래도 갖고 있을 똑같은 핵심의 동형 형태를 관찰하게 된다.

동형 개념은 기하학적 대상들을 통합하는 면도 있지만 이들을 분류하는 역할도 한다. 예를 들어 농구공을 동형 변형시키면 이차원으로 모서리가 없는 두 개의 면으로 이루어진 모든 대상을 포함하는 같은 본성들의 범주를 생각할 수 있다. 이 범주와 다른 모든 범주들은 매우 엄격하게 분류되는데, 그 이유는 하나의 범주에 속하는 대상이 다른 범주로 위상 변환하는 것이 불가능하기 때문이다. 다른 말로 표현하면, 각 대상은 그 본성에 따라 분류되며 그 본성은 위상적 변환에 어긋나면서 소멸하지 않기 때문에 위상적 분류는 엄격한 분류이다.

그렇지만 그 본성들은 비위상적 변환에 어긋나면서 얼마든지 변형시킬 수 있다. 구부림, 비틂, 늘림으로 이룰 수 없는 것을 풀과 가위만으로 성취할 수 있는데, 즉 어떤 대상의 위상적 불변성을 다른 대상의 불변성으로 바꿀 수 있다는 것이다. 예를 들어 한 장의 종이 끝을 서로 붙이면 원기둥이 된다. 그러므로 풀만 조금 있다면, 모서리가 하나이며 면이 두 개인 이차원의 본성을 모서리가 두 개이며 면이 두 개인 이차원의 본성으로 바꿀 수 있다.

한 장의 종이를 반쯤 비틀어서 풀로 붙이면 이상한 본성을 만들게 되는데, 이는 이차원으로 모서리 하나와 면이 하나인 뫼비우스의 띠라는 본성이다. 우리가 생각할 수 있는 대부분의 도형은 면이 두 개이기 때문에 면이 하나뿐인 이 도형은 매우 이상한 도형이다. 면이 하나인 특성 때문에 뫼비우스 띠는 모서리를 지나지 않으면서 한 붓 그리기가 가능하다. 이 도형은 다음의 리머릭(limerick, 예전에 아일랜드에서 유행하던 5행시—옮긴이)에 나타나는 성질을 포함하여 다른 이상한 성질이 있다.

> 뫼비우스 띠는 면이 하나 있다고
> 수학자들은 확신한다네.
> 그런데 이상하지? 웃음을 참을 수 없으니.
> 만일 당신이 이를 절반으로 자르더라도
> 그래도 하나의 조각으로 계속해서 존재하고 있으니 말이야.

이러한 위상수학의 모든 결과는, 복잡하지만 질서 정연한 기하학의 영역을 거의 형이상학적으로 묘사하고 있는데, 이 영역의 원소들 사이에는 현실 세계의 생물체들처럼 합리적인 상호관계가 있다. 앞에서 보았듯이, 위상수학자들은 하나의 도형이 생물체와 마찬가지로 그를 둘러싼 환경과 관계 없는 본성이 있다는 사실을 알게 되었다. 그런데 이 본성은 그 겉모습이 피상적으로 바뀌어진다 하더라도 결코 변하지 않는다. 이렇게 유례 없는 뜻밖의 사실에 근거한 위상수학이라는 거대한 학문은, 겉으로 보기에 혼돈스러울 정도인 기하학적 세계에도 우리가 이해할 수 있는 질서가 숨어 있음을 보여 주고 있다.

이는 물질 세계에 대한 과학의 발견과 동일하지만 한 가지 중요한 차이점이 있다. 과학은 관찰된 물질 세계의 질서를 설명하는 과정에서 대부분의 종교와 아직도 대립하고 있는 데 반해, 기하학의 세계가 어떤 계획에 따라 존재한다는 사실에 대해서는 별로 의문을 제기하지 않는다. 이 경우, 유일한 의문이란 그 계획이 우리 자신의 창조에 의한 것인지 아니면 위상수학을 연구한 결과 드러난 것인지에 관한 문제이다.

어느 경우이건, 위상수학에 대한 연구는 기하학 영역뿐만 아니라 인간이라는 영역을 이해하는 데에도 도움이 된다. 그 이유는 많은 경우에 있어서 위상수학자들이 다른 사람들보다 영혼을 이해하는 데 훨씬 앞서 있기 때문이다. 한 장의 종이나 농구공의 표면이 무엇을 말하는지 위상수학자들은 보다 분명하게 말할 수 있지만, 각양각색의 의견을 미루어 볼 때 인간의 존재란 과연 어떤 의미가 있는지 우리 자신은 아직 잘 모르는 것 같다.

이러한 난처한 의문은 반드시 종교적인 것만은 아니다. 이는 유대교 신자만큼 심미학자도 상당히 흥미를 갖게 하는 문제이다. 우리 각자에게서, 인생을 살면서 나이를 먹어도 변하지 않는 것은 과연 어떤 것일까? 인간 전체로 볼 때 우리가 진화한다는 사실을 받아들인다면 다가오는 미래에 수백만 년이 지나 진화과정을 거쳐 남아 있는 것은 어떤 것일까? 풀리지 않는 이들 의문들은 우리 자신의 정체성이라는 더 큰 문제와 함께 우리가 분류 체계를 통해 어떻게 우리 자신을 분류하는가와 같은 보다 더 큰 문제와 관련되어 있다. 또한 이 의문들은 우리가 옛 친구를 만났을 때 이름표를 보지 않고도 어떻게 알아볼 수 있을까와 같은 보다 평범한 문제와 관련되어 있다.

독특한 버릇과 개성은 한 인간의 생애를 통틀어서도 별로 변하지 않고 남아 있는 특징으로 위상수학의 불변성을 떠올리게 한다. 그러나 내가 의문시하는 것은, 다윈의 진화론을 인정하여 우리들의 외모가 급변할 정도로 충분히 오랜 시간이 지났을 때, 즉 지금으로부터 수십억 년이 지나서도 다른 동물로부터 인간을 구별할 수 있는 것은 무엇일까 하는 점이다.

오늘날 동물로부터 우리를 구별하는 대부분의 기준은 신체상의 비교를 통해서이다. 현대의 분류학자들은 신체에 대한 두뇌 무게의 비, 골격 구조, 이동 방식, 발가락 개수 등등에 따라 동물들을 분류하는 데 뛰어난 솜씨를 보여 주고 있다. 그렇지만 좀더 미묘한 기준, 예를 들어 감정과 같은 기준을 근거로 각 종족들을 정의할 태세는 갖추지 못했다. 현재 분류학자들과 동물의 감정과의 관련성은 미터법 기하학자들과 어떤 도형의 모서리 개수가 갖는 관련성과 같다.

그렇지만, 지금으로부터 수백만 년 뒤를 가상해 볼 때 진화된 나의 종족을 인식하려면 그와 같은 미묘한 기준에 근거할 수밖에 없을 것이라는 것이 나의 추측이다. 내가 위상학적으로 추측해 본다면, 우리의 외모가 아닌 우리 자신의 버릇이야말로 위상학적 불변성과 맞먹는 관련된 진화 세계의 불변성일 것이다. 그것은 바로 인간이 무엇인지를 의미하며, 진화 과정을 통틀어 계속되리라고 짐작되는 특성이다.

16. 변화의 친숙한 모습

- 카타스트로피 이론(Catastrophe Theory) -

함께 어울려 짓눌려지거나 찌그러지는 혼돈과 같은 것이 아니라네.
이 세상은 혼란스러워 보이지만 조화를 이루고 있단 말일세.
다양함 속에 숨어 있는 질서가 보이고,
서로 다를지라도 모두가 화합하는 곳이기 때문이라네.

알렉산더 포프(Alexander Pope)

이 세상에서 유일하게 확실한 것은, 속담에도 있듯이 변화라는 것인데 과학에서 배우는 그 모든 것이 이를 입증해 준다. 이 우주의 모든 존재와 우주 자체는 끊임없는 변화를 외면할 수 없다. 산이나 대기, 태양과 같이 변하지 않고 늘 한결같아 보이는 것들도 실은 끊임없이 진행되는 변화라는 거대한 움직임을 뿌리치지 못한다. 이들은 항상 활동하면서도 균형을 유지하고 있다. 우리 자신의 몸을 이루는 세포조차도 7년 정도마다 완전히 (그리고 눈에 띄지 않게) 새로운 것으로 대치된다.

변화, 특히 갑자기 발생하는 변화를 맞이하는 우리의 태도 그 자체도 최근 수십 년간 많은 변화를 겪어 왔다. 과거에는 뜻밖의 죽음이라든가 자연 재해와 같이 갑자기 발생하는 일들을 변덕스러운 하느님과 같이 불가사의한 힘에 관련지었다. 갑작스러운 변화의 모습, 즉 패턴들의 대부분이 정체 불명이었고, 그런 까닭에 몹시 위협적이었기 때문이다. 17세기, 계몽 시대가 진행되는 동안, 뉴턴은 점진적인 변화의 많은 예 —예를 들어 인구 증가— 들이 몇 가지의 수학적인 계산으로 표현될 수 있는 예언 가능한 패턴을 따르고 있음을 인식하였다. 그러나, 그 후 수십 년이 지날 때까지 갑작스러운 변화는 수학적으로 범주화하기 어렵거나 또는 합리적으로 만족할 만한 설명이 불가능한 것처럼 보였다.

약 20년 전, 프랑스의 수학자 톰(René Thom)은 자신이 카타스트로피라 이름 붙인 갑작스러운 변화들을 성공적으로 분류하였다. 그는 대부분의 카타스트로피들이, 일곱 가지 수학적 계산 용어로 질적인 설명이 가능한 정돈된 패턴을 따르고 있음을 발견했다. 비록 그의 발견이 우리에게 갑작스러운 변화의 원인에 대해 설명해 주는 것은 아닐지라도, 이러한 변화가 과거에 믿었던 것처럼 제멋대로 비합리적인 것만은 아니라는 점을 시사한다.

그것은 또한 신경쇠약이나 무의식적으로 발끈하는 것과 같이 우리 개개인에게 영향을 미치는 갑작스러운 변화들도, 광범위하게 펼쳐지는 자연 현상과 같은 질적 다양성을 갖추고 있음을 시사한다. 이런 의미에서 톰의 이론은, 전에는 결코 인지하지 못했던, 자연 세계를 끊임없이 변화시키는 급격한 변화의 면면들을 인지하게 한다.

우리가 사는 세상과 같이 역동적인 세계에서, 과학자들은 변화를 연구하는 데 사용할 수학적 수단을 필연적으로 요구하게 되는데, 뉴턴이 미적분학을 발명한 주된 이유도 변화를 양적으로 표현하는 언어에 대하여 이와 같은 과학적 필요에 응답한 것이었다. 그는, 연속적인 작은 단계를 거치면서 이루어지는 변화—즉 점진적인 변화— 를 설명하기 위해 이를 설계하였는데, 그래서 과학자들은 태양 주위를 도는 행성의 운동, 인구의 증가, 물체가 떨어질 때 계속해서 증가하는 속도와 같은 것들을 계산할 때 이를 이용한다.

그렇지만, 더욱 의미 있는 사실은, 서로 비슷하지도 않게 보이는 점진적인 변화 현상들이 실제로는 수학적으로 관련되어 있음을 미적분을 사용하는 과정에서 과학자들이 알게 되었다는 점이다. 예를 들어, 보통예금 계좌의 잔액 증가를 보여 주는 미적분학의 지수-증가 방정식은 세균배양용 페트리 접시 안에 있는 박테리아 수의 증가, 행운의 편지 수의 증가, 동물 수의 정상적인 증가를 나타내는 식과 정확하게 똑같다.

특히 그 중에서도 무엇보다 두드러진 것은, 미적분학이 중력장 안에서 자유롭게 움직이는 물체의 모든 가능한 운동들을 서로 관련지으며 범주화할 수 있도록 해 주었다는 사실이다. 미적분에 따르면, 그러한 물체는 세 가지의 전형적인 자취를 그리는데, 이는 오직 출발속도에 따라 결정된다. 어떤 자취를 그리는가를 알아볼 때 발사체 그 자체에 대한 것은 어떠한 것도 문제되지 않는데, 발사체의 모양이나 무게, 밀도, 그 화학적 합성과도 관계가 없다. 겉모습이 얼마나 다른가에 상관 없이 같은 속도로 발사되기만 한다면, 두 개의 발사체는 똑같은 자취를 그릴 것이다.

발사체가 궤도속도(지구중력장에서 시속 약 17,000마일을 가리킨다)보다 낮은 속도로 발사되면 항상 포물선 자취를 그리는데, 이 곡선은 대개 화살이나 총알, 바위를 던졌을 때 그려지는 완만하게 굽은 곡선이다. 그렇지만 발사체가 궤도속도와 이탈속도(지구중력장에서 시속 약 25,000마일이다) 사이의 속도로 발사된다면, 항상 타원이나 원의 자취를 그리게 될 것이다. 태양 주위를 공전하는 행성이나 지구를 돌고 있는 인공위성들이 바로 그러하다. 그리고 마지막으로 물체가 이탈속도 이상으로 발사된다면, 쌍곡선의 자취를 그리게 되는데, 이 곡선은 포물선과 비슷해 보이지만 그보다는 좀더 심하게 구부러진다. 미국의 우주비행사가 달에 갈 때나 우주 왕복선이 다른 행성에 갈 때 이러한 곡선을 그리게 된다. 갑작스러운 변화들에 대한 톰의 범주화에 대해서 오늘날 그러하듯이 그 당시도 이러한 범주화의 발견은 혁명적인 것으로 생각되었다.

그렇지만, 미적분학이 갖고 있는 모든 장점에도 불구하고, 갑작스러운 변화들을 설명하고 이들을 서로 관련지을 수 있는 수학적 수단으로 미적분학 이외에는 필적할 만한 것이 없는 상태가 과학자들이 처해 있던 상황이었다. 세포는 점진적이라기보다는 오히려 갑작스럽게 분열하는 경향이 있기 때문에, 생물학자들은 생물학에서 가장 기본적 현상 중의 하나인 세포 분열에 대한 자신들의 이론을 연구하는 데 한계를 느껴 왔으며 그와 같은 수단의 필요성을 인식하고 있었다. 분명한 것은, 톰이 생물학에서 이러한 문제를 인식하고 있었을 뿐만 아니라, 자신의 카타스트로피 이론을 발전시키는 데 부분적으로는 이로부터 동기를 부여받았다는 점이다. 그의 이론의 초기 저작 중에는 1968년에 발간한 것으로 '이론 생물학을 향하여(Toward a Theoretical Biology)' 란 제목의 시리즈 책 중 일부분이 있다.

과학적으로, 그리고 수학적으로 카타스트로피 이론은 미적분학을 보완하고 있다. 미적분학이 점진적인 변화의 양적 측면을 다루는 이론인 반면, 카타스트로피 이론은 갑작스러운 변화에서 대부분 질적인 측면을 다루는 이론이다. 특히, 카타스트로피 이론은 형태를 질적으로 다루는 수학의 한 분야인 위상수학의 언어로 정밀하게 설명되고 있다. 위상수학 그 자체는 18세기 스위스의 수학자 오일러가 창조한 기하학의 한 분야이다.

갑작스러운 변화에 대한 톰의 수학적 접근에서 특히 명백하게 드러나는 위상수학의 핵심 개념의 하나는 위상적 동형의 개념이다. 두 물체가 위상적으로 동형이라는 것은 서로 다른 차이점에 관계 없이 어떤 본질적인 속성을 공유하는 것을 말한다. 예를 들어, 도넛과 커피잔은 각각 구멍이 하나씩이기 때문에 위상적으로 동형이다. 이 때, 그 구멍은 다음과 같은 의미에서 본질적인 특성이다. 만일 도넛을 컵으로 또는 역으로 그 모양을 변화시킨다면, 물체의 구멍을 제외한 그 밖의 거의 모든 특성이 변하겠지만 구멍만은 그대로 존재한다. 위상적 동형이란 언제나 도넛의 크기나 컵의 특정 모양과 같이 변하기 쉬운 (양적인) 사항이 아닌 불변의 (질적인) 속성만을 근거로 판단된다. 이 때문에, 서로 전혀 달라 보이는 두 개의 물체가 위상적으로 동형이라는 것이 가능하며, 이런 일은 흔히 일어난다.

카타스트로피 이론을 발전시키는 와중에, 톰은 카타스트로피들을 관련지으려는, 심지어 컵과 도넛처럼 겉모습이 상이할지도 모르는 것들까지도 질적으로 관련지을 수 있는 유사한 방법을 찾기 시작하였다. 이 때문에, 그는 수학적으로 설명하고 분류하는 데 사용할 수 있는 카타스트로피의 본질적인 속성, 즉 위의 구멍에 해당하는 것을 찾았다.

그가 발견한 속성은 카타스트로피의 역동성을 통제하는 요인의 개수이다. 톰이 의미하는 통제요인이란, 갑작스러운 변화가 일어나는 상황에서 그 변화의 진행과 방향에 실제적으로 영향을 줄 수 있는 요인을 말한다. 예를 들어, 풍선의 팽창(그리하여 결국에는 갑작스럽게 터지는 것)을 본질적으로 통제하는 요인은 공기 압력이다. 이 하나의 요인만을 없애거나 덧붙이면 풍선 변화 상태의 진행과 방향이 영향 받는다.

이 단 하나의 발견 —즉, 구멍이 도넛에서 그러했던 것처럼, 통제요인의 수가 카타스트로피의 본질적인 속성이라는 발견— 이 카타스트로피 동형에 대한 톰의 기본적 정의이다. 이 정의에 따르면, 두 개 이상의 갑작스러운 변화의 예들이 같은 개수의 요인에 의해서 각각의 행동이 통제될 때, 이들은 카타스트로피적으로 동형이다. 그러므로 부풀어 터지는 풍선은, 그 행동이 어떤 유의 단 한 가지 요인에 의해 통제되어 갑작스럽게 변화하는 다른 모든 현상들과 카타스트로피적으로 동형이다. 같은 방법으로 톰은 그들의 행동을 통제하는 요인이 두 개, 세 개, 또는 그 이상인지에 따라 다른 카타스트로피들을 분류하였다.

이렇게 위상적 동형과 비슷한 톰의 정의가 카타스트로피 이론의 핵심이다. 개념적으로 이 정의에 따르면, 두 현상이 같은 수의 요인에 의해 통제된다면 설사 이들이 양적으로 뿐만 아니라 다른 세부적인 면에서 서로 들어맞지 않는다 하더라도 변화에 있어 동일한 질적 패턴을 따른다는 사실이 성립한다. 그러므로 톰은 자신의 정의에 따라 외관상 서로 관련이 없는 카타스트로피들 사이에서 동일한 그룹으로 분류되는 질적 유사점을 인식하였다.

어떤 의미에서 카타스트로피의 본질적인 특성이 그 행동을 통제하는 요인의 개수라는 톰의 발견은, 중력장에서 발사체가 그리는 궤도의 본질적인 특성이 발사속도라는 뉴턴의 발견과 비슷하다. 이 두 영역에서, 변화하는 상황에서 본질적인 특성을 제외한 다른 모든 특성들이 수학적 측면에서는 하찮은 것들이다. 어떤 의미에서 그들은 기본적으로 서로 닮은 변화의 측면을 감추고 있는 가면들이다.

그렇지만, 톰과 뉴턴의 발견 사이에는 차이점이 있다. 중력장의 상황은 세 가지 범주만으로 분류되지만, 자연계에서의 갑작스러운 변화의 예들로 좀더 널리 알려진 모든 것들은 일곱 개 이하의 범주만으로 분류되지 않는다. 또한, 현실 공간에는 세 가지의 대표적인 궤도가 존재하여 쉽게 시각화할 수 있지만, 전형적인 일곱 가지 카타스트로피들의 구체적인 표현은 추상적인 수학적인 공간에 존재하기 때문에 쉽게 그려지지 않는다.

아마도, 그들을 가시화하는 가장 쉬운 방법은, 톰이 그랬듯이 카타스트로피적 변화를 경험하는 것과 어떤 위험스러운 기하학 곡면 위를 여행하는 동안 가파른 절벽을 짚고 있는 것이 질적으로 같은 것이라고 상상하는 것이다 —즉 가파른 낭떠러지에서 떨어질 때에는, 갑작스럽게 변화할 때처럼 우리가 바로 전에 떨어지던 곳과는 매우 다른 어떤 곳에 갑자기 서 있게 된다. 기술적으로, 이 비유는 카타스트로피 이론의 수학이 어떤 관점에서는 대부분의 수학자들에게 친숙한 기존의 연구 주제인 기하학적 곡면에 관한 수학과 유사하다는 것을 의미한다.

카타스트로피의 진행 과정과 방향을 통제하는 요인들은 대응하는 추상적인 곡면 위에서 발생하는 운동의 진행과 방향을 통제하는 것으로 상상할 수 있다. 이 때문에 그 곡면을 통제 곡면이라 부르며, 카타스트로피란 통제 곡면(control surfale)의 한 부분에서 떨어져 나가 다른 곳에 착륙하는 것이라고 비유한다. 그리고 그 결과, 실제 카타스트로피의 통제 요인과 같은 수의 카타스트로피 통제 곡면의 차원이 존재한다. 즉, 각각의 요인은 하나의 차원을 따라 진행되는 운동을 통제한다.

만일 갑작스러운 변화의 모습들이 위험천만한 기하학적 조망과 같은 것이라고 정말로 생각한다면, 톰의 발견 중 주된 것은, 자연에서 그리고 우리 자신에게서 관찰되는 조망의 대부분이 단 일곱 가지의 기본적인 서로 다른 위험만을 포함하고 있다는 사실이다. 이들은 일곱 가지 변화들의 낯설지 않은 친숙한 모습이고, 이들을 가시화하는 것을 돕기 위한 일환으로 톰은 이들의 형태를 연상시키는 이름을 붙였다. 복잡성의 정도에 따라, 원형카타스트로피는 폴드(주름), 커스프(쐐기), 제비꼬리, 나비인데, 제비꼬리에는 세 종류, 나비에는 두 종류가 있어 모두 일곱 가지이다.

폴드 카타스트로피(fold catastrophe)는 단 하나의 요인에 의해 통제되는 것으로 그 곡면이 가장 단순하다. 이를 통제하는 곡면은 기술적으로 볼 때 전혀 곡면이 아니다. 사실상 이것은 수평하게 그은 일차원의 선으로 한 쪽 끝에서 구부러질 때 수직인 절벽의 가장자리를 형성한다. 카타스트로피 이론에 따르면, 이는 팽창하는 풍선을 추상수학의 관점에서 가시화한 것이다.

풍선 내부에서 공기 압력의 증가는 기하학적으로 절벽의 가장자리를 향하여 나 있는 선을 따라서 절벽에 가까워지는 운동에 대응하고, 감소는 절벽으로부터 멀어지는 운동에 대응한다. 풍선을 계속해서 팽창시킬 때 당연히 공기 분자 하나만 더 넣으면 풍선이 터지는 시점이 있을 것이다. 그 점이 바로 절벽 끝의 가장자리에 대응하는 시점이고, 풍선이 터지는 것은 절벽 밑으로 떨어지는 것에 대응한다. 폴드 카타스트로피에서는 일반적으로 절벽의 밑바닥이라는 것이 없는데, 이는 일단 가장자리를 넘어서면 더 이상 되돌아 올 길이 없다는 것을 의미한다. 우리의 예에서, 이는 일단 풍선이 터지면 더 이상 그 전의 상태로 될 수 없다는 뜻이다.

일반적인 노화 과정도 폴드 카타스트로피로 표현되는데 이때의 유일한 통제 요인은 시간의 흐름이다. 절벽으로부터 멀어지는 움직임은 젊어지는 것을 의미하며, 절벽을 향한 움직임은 보편적인 삶의 상태, 즉 늙어가는 것을 의미한다. 삶의 가장 마지막 순간은 낭떠러지에 서 있는 것에 해당하고, 죽음은 절벽 밑으로 떨어지는 것에 해당한다. 그러므로, 카타스트로피 이론에 따르면, 삶의 과정은 수학적으로 풍선을 부풀릴 때와 같은 패턴의 변화를 따르는데, 일단 앗아간 생명은 다시는 돌이킬 수 없다는 점에서, 죽음은 풍선이 터지는 것과 질적으로 유사하다.

커스프 카타스트로피(cusp catastrophe)에서는 이와 같은 비가역성이 발생하지 않는데, 정의에 따르면 커스프 카타스트로피는 두 가지 요인에 의해 통제되는 갑작스러운 변화의 한 예이다. 톰의 이론에 따르면, 커스프 카타스트로피는 부분적으로 혹은 전체적으로 복귀할 수 있는 방법을 갖는다는 점에서 카타스트로피적 변화와 구별된다.

여기에서 그가 무엇을 말하고 있는지는 커스프 카타스트로피의 수학적인 면을 보면 쉽게 알 수 있다. 이차원 통제 곡면의 중앙부는 그 아래 곡면 위의 그림자가 쐐기 같이 대략 삼각형 모양을 한 돌출부에 의해 좌우된다. 가장 두드러진 것은, 전체 설계도가 돌출부에서 떨어진 후에도 (통제 곡면 위에 머무는 한) 항상 가장자리까지 다시 돌아갈 수 있는 그런 것이다.

작은 금속 장난감인 개구리 모양의 "딸깍이"가 작동하는 것도 커스프 카타스트로피인데, 개구리의 행동이 두 가지 요인, 즉 손가락의 압력과 금속으로 만들어진 개구리 혀의 탄성에 의해 통제되기 때문이다. 그래프로 생각하면, 느슨한 위치에 있는 개구리의 혀는 가장자리에서 떨어져서 커스프의 돌출부 꼭대기에 있는 것에 해당한다. 압력을 증가시키면서 혀를 누르는 것은 가장자리로 이동하는 것에 해당한다. 어느 시점에서, 금속 혀가 갑자기 딸깍 소리를 내며 휘어질 만큼 충분히 압력이 커지는 경우가 있다. 이는 돌출부의 가장자리에서 이탈하여 그 아래의 통제 곡면 위로 떨어지는 것에 해당한다. 구부러진 위치에서 개구리의 혀를 잡고 있는 한 이 상태는 그대로 유지된다. 이를 다시 놓는 동작을 그래프로 생각하면, 구부러져 있던 개구리가 돌출부로 다시 돌아가는 것에 해당한다.

일곱 가지 카타스트로피 중에 커스프는 우리가 이 세상에서 그 모습과 변화에 대한 수학적 패턴을 가장 흔하게 볼 수 있는 것이다. 원래 카타스트로피 이론은 이러이러한 것이 왜 그래야 하는지를 설명하려고 만들어진 것은 아니었지만, 확실한 것은 현실에서 널리 진행되는 반대 현상 그리고 이들과 관련되어 사이사이에 발생하는 가역적인 갑작스러운 변화에 대하여 언제나 설명할 수 있을 것이다.

예를 들어 잠을 자고 깨는 것의 어떤 패턴에서 커스프 카타스트로피를 인식할 수 있다. 보통, 우리는 점진적으로 단계를 밟아가며 잠에 빠져들지만, 때때로 힘든 일을 끝냈을 때는 그 진행이 보다 급격하게 이루어진다. 그와 같은 경우, 카타스트로피적 변화로부터의 회복, 즉 잠에서 깨어나는 것이 가능한데, 이것이 바로 커스프 카타스트로피를 보증하는 전형적인 예이다.

또한 커스프 카타스트로피는 조울증 환자가 보여 주는 시무룩한 행동, 서로 화해할 수 없는 적대적인 국가 사이에서 갑자기 발생하는 일련의 전쟁과 평화, 증권시장의 변덕스러운 시세 등을 통해 우리에게 친숙한 모습을 보여 준다. 금속 개구리와 마찬가지로, 이와 같은 각각의 커스프 카타스트로피의 예에는, 한 극단에서 다른 극단으로의 갑작스러운 이동이 나타나고 곧 이어 처음의 상태로 다시 돌아올 수 있음을 보여 준다. 이 때문에 비록 표면적으로는 관계 없어 보이는 이러한 현상 모두가 같은 수학공식으로 설명될 수 있고 같은 카타스트로피를 조망하는 용어로 기술할 수 있다. 그러므로 카타스트로피 이론을 갖고 있는 우리는 이제 세상사들이 그다지 큰 차이가 없음을 느끼게 되었다.

나머지 다섯 가지의 카타스트로피는 커스프 카타스트로피만큼 폭넓게 적용될 수도 없을 뿐만 아니라, 그들의 통제 곡면도 쉽게 가시화되지 않는다. 이들 곡면을 가시화하는 데 생기는 문제는, 이들을 통제하는 요인의 개수가 대단히 많기 때문에 모두 이차원 이상이고, 이 때문에 이들은 우리가 보통 그리는 곡면과는 상당히 다른 것들이다. 우리가 할 수 있는 것이라고는 고작해야 그들을 이차원으로 사영하였을 때 과연 어떻게 보일까 상상해 보는 일인데, 사실상 제비꼬리와 나비 곡면은 그들의 이차원 실루엣에 대한 상상도를 보고 이름붙인 것이다. (톰은 그 그림들이 대부분 상상의 문제라는 것을 보이기 위해, 제비꼬리 카타스트로피는 그의 장님 동료 수학자인 프랑스의 모린(Bernard Morin)이 지은 이름이라는 것을 늘 지적했었다.)

나비 카타스트로피(butterfly catastrophe)와 제비꼬리 카타스트로피(swallowtail catastrophe) 중에서 우리는 전자를 자연에서 더 자주 볼 수 있다. 수학적으로 나비 카타스트로피의 통제 곡면(혹은 좀더 정확하게 그것의 이차원 실루엣)은 하나가 아니라 중앙에 위치한 두 개의 돌기에 의해 구별된다. 그들의 배열 관계는 계층적이어서, 가장 높이 위치한 곳에서 떨어지면 다음 높은 곳에 위치하거나 이 두 개의 돌기 아래에 위치한 곡면 바닥 위에 위치할 수 있다. 어느 경우건, 커스프적 조망에서와 마찬가지로, 상층돌기로 다시 원상 복귀시키는 것이 항상 가능하다.

대부분의 나비 카타스트로피의 예에서, 중간에 위치한 돌기는 통제 곡면의 꼭대기와 바닥 수준에서 나타내는 것이 무엇이든 간에 그 사이의 절충을 나타낸다. 예를 들어 질적으로 나비 카타스트로피처럼 행동하는 적대적인 두 나라는 평화에서 전쟁으로 직접 전환하기보다는 항상 협상의 여지가 있다.

중간에 위치한 돌기가 단순한 절충보다 좀더 별난 어떤 것이라는 것을 보여 주는 나비 카타스트로피의 몇 가지 예 중의 하나로, 대부분의 젊은 여성에게 나타나는 식욕부진증으로 알려진 질병이 있다. 치료되지 않은 식욕부진증은 금식과 탐식 사이를 왔다갔다 하면서 커스프 카타스트로피의 특성을 보여 준다. 그렇지만 최근에 영국의 수학자 지만(E.C. Zeeman)은 만일 카타스트로피 이론이 정확하다면 식욕부진증의 현상은 또 다른 통제 요인을 덧붙임으로써 커스프 카타스트로피에서 나비 카타스트로피로 변형될 수 있음을 추론하였다.

지만은 영국의 한 심리치료사와 공동으로 연구를 했었는데, 치료사는 이 가설을 근거로 식욕부진증의 치료법을 개발하였다. 이 요법에는 환자를 최면상태에 빠지게 하는 것도 들어 있는데, 이는 낮은 수준(금식)이나 높은 수준(탐식)에서 나비 카타스트로피의 중간 수준으로의 급전화에 해당하는 급작스러운 변화이다. 바로 이 때가 식욕부진증의 심리적 치료가 가장 잘 받아들여지는 수준이다. 지만은 대담하게도 다음과 같이 설명한다. “환자는 금식을 하는 동안 두려운 심정으로 바깥 세상을 바라보고, 탐식을 하는 동안에는 그 세계에 압도당해 파묻히게 된다.” 그러나 그는, “최면상태에 있을 때, 환자는 외부세계와 차단당하고, 그의 의식은 음식으로부터 그리고 음식을 회피하려는 계획으로부터 해방된다."고 말한다.

이러한 예들은 카타스트로피 이론의 과학적 잠재능력을 말해 주지만, 현재 수학자와 과학자들 사이에는 이 이론이 과연 과학적으로 얼마나 쓸모 있게 될 것인가에 대하여 논쟁이 진행중이다. 일반적으로 회의론자들은 카타스트로피적 동형이라는 이 이론의 기본 개념에 대한 질적 특성 때문에 이 이론의 과학적 유용성에 한계가 있다고 주장한다. 우리가 보아왔듯이, 같은 개수의 요인에 의해 통제되는 카타스트로피들은 그들의 세부적인 차이점에 관계 없이 동형이라고 가정한다. 이 이론의 과학적 가치에 대하여 회의적인 수학자들은, 과학이란 이 이론이 무시해 버리는 바로 그 세세한 부분들에 흥미를 가질 수 있는 학문이라고 지적한다.

예를 들어, 식욕부진증의 경우에 과학자들의 관심은 단순한 질적 관찰을 뛰어넘어서, 질병이 발생하고나서 나타나는 특성의 전형적인 패턴과 이 패턴이 변형되어 나타나는 또 다른 전형을 탐구하고자 할 것이다. 뿐만 아니라 어느 시점에서, 식욕부진증에 걸리기 쉬운 사람의 특성이 과연 무엇인지 발견하려는 희망에서, 과학자들은 전형적인 패턴의 세세한 변형 상태는 어떤 것들인지 규명하고 싶어했을 것이다.

그와 같은 주장의 사실 여부는 제쳐놓고라도, 톰의 이론에 등장하는 질적 특성은 수학자들에게 뿐만 아니라 사물을 바라보는 우리 시대와 문화의 고정 관념에 또 다른 신선한 충격을 주었다. 한편, 이 이론은 수학의 언어를 풍부하게 하여 지금까지 표현할 수 없었던 급작스러운 변화에 대한 것을 표현할 수 있게 하였다. 게다가 톰의 이론과 그 이론의 질적 기초 개념들은, 그 동안 감히 도전받지 않고 세세하게 양적인 분류에 집착했던 환원주의자(reductionist: 모든 생물현상은 물리학적, 화학적으로 설명된다는 주의—옮긴이)의 거대한 영역과 참신하게 대비될 수 있다. 언젠가 독일의 물리학자 바빙크(Bernhard Bavink)가 말했듯이 이는 "측정 가능하고 셀 수 있는 양적 개념을 후방에 배치하고, 형태(form 또는 gestalt)의 생물학적 기본 개념을 일선에 배치하기 위해" 수학을 사용하는 매우 희귀한 기회를 우리에게 제공하였다.

그 이론이 과학적으로 유용하다는 측면에서, 톰의 이론은 활력론자(vitalist: 생명현상은 물질의 기능 이상의 생명 원리에 의해 설명되어야 한다는 주장—옮긴이)들이 주장하는 짝을 이루고 있는 두 가지 개념, 즉 전체는 부분의 합보다 크며 전체를 보는 것이 그 부분들을 분석하는 것보다 더 안목을 넓혀 준다는 사실을 지지한다. 이 주장들을 옹호하면서, 톰은 자신의 책 '구조적 안정성과 형태 발생(Structural Stability and Morphogenesis)'에서 대상을 너무 가까이서 세밀하게 관찰하는 것에 대한 위험성에 대하여 생물학자와 물리학자에게 좀 긴 설교를 늘어 놓았다. 그는 "적은 수의 기본 원소들이 상호작용하면서 모든 거시적 현상을 포함하게 되는데, 사실상 세밀한 관찰을 하면 할수록, 그 사상은 보다 복잡한 양상을 보인다. 이는 우리가 설명해야 하는 새로운 세계로 접어들게 하는데, 이 세계에서 우리는 거시적 질서를 관장하는 관련 요인들을 서로 구별하지 못한다."며 기존의 환원주의자들의 신념을 공박하였다.

적어도, 카타스트로피 이론 때문에 우리는, 변화를 분류하는 과정에는 이 우주와 그 구성요소들을 끊임없이 변하게 하는 가지각색의 잡다한 변화 가운데에 어떤 질서가 있음을 인식할 수 있게 되었다. 삼백 년 전 뉴턴은, 금으로 만든 둥근 비행체가 예를 들어 은으로 만든 사각형 모양의 비행체와 근본적으로 다른 특성을 보이지 않는다는 사실을 발견하였다. 중력장을 통과하여 각각의 궤도를 결정하는 유일한 요인은 발사될 때의 처음 속도이다. 비슷하게 톰슨은, 아이의 울음 때문에 깨어나는 어머니의 갑작스런 체험은 그들의 국적과 인종에 관계 없이 모든 어머니들에게서 똑같은 수학적 패턴을 보인다는 사실을 발견하였다.

뉴턴의 경우, 중력장의 존재는 모든 종류의 점진적 운동이 단 세 가지 분류 체계 중의 어느 하나에 속한다는 사실을 설명하고 있다. 톰은 가장 중심이 되는 핵심(생명장: Champ vital, life field)의 존재를 토론하면서 갑작스러운 변화들도 결국에는 몇 개의 분류체계가 된다고 설명하였다. 사실상 그는, 가장 중심이 되는 핵심이란 "중력장 혹은 전자기장"과 꼭같은 것으로 그 세계에서 "모든 생명체는 이 장의 … 인자들이 될 것이다."라고 추론하였다.

좀더 조심스럽게 추론하면, 우리는 자연 세계와 공감할 수 있는 멋진 수학적 원리를 톰의 이론에서 추론할 수 있다. 본질적으로 서로 다른 현상들을 분류하는 것만으로도, 이 현상들의 불가사의한 면이 축소되며 보다 친숙한 모습으로 우리에게 다가온다. 이 지구상에 존재하는 것이 확인된 톰의 일곱 가지 카타스트로피의 분류를 우리의 태양계를 벗어나 어쩌면 다른 존재가 살지도 모를 외계에까지 확대할 수 있지 않을까 생각한다. 만일 대다수가 그렇게 믿고 있듯이 수학이 범우주적인 언어라면, 어떤 곳에서도 발생하는 급작스러운 변화도 이 지구상의 변화들처럼 친숙한 모습이어야 한다. 비록 그 배열이 다소 기이할 수도 있겠지만… 예를 들어 풍선이 딸깍거리고 개구리가 터지는 세상을 상상해 보라.

17. 전쟁과 평화

- 조합론 -

이 세상의 문제를,
자신의 시야가 눈앞에 보이는 현실에만 한정되어 있는
회의론자나 냉소주의자들이 해결할 수는 없다.
우리에게 필요한 사람은,
이전에는 결코 꿀 수 없었던 꿈을 꿀 수 있는 자이다.

케네디(John F. Kennedy)

언젠가 조지 칼린이라는 코미디언이 세계 평화를 도모하는 간단한 방법이 있다고 제안한 적이 있었다. 모든 사람이 서로 악수를 나누면서 자기 자신을 모든 사람에게 소개하자는 것이었다. 애교 있는 생각이었지만, 아뿔싸 이는 단지 환상에 불과한 착상이었다. 우리 각자가 칼린의 충고를 따라서 매초 다른 사람과 악수를 하더라도 그 일을 끝내는 데에는 대략 일백 년이 걸려야 하기 때문이다.

칼린의 농담 같은 제안은 우리 인간의 존재에 대한 냉엄한 실상을 보여 주는데, 즉 우리가 꿈꾸는 소중한 환상들이 인간의 한계, 특히 거대한 양을 다룰 수 없는 무능력이라는 현실 앞에 짓밟힌다는 사실이다. 예를 들어, 사십억이라는 이 지구상의 사람들 중 두 사람 또는 그 이상의 사람들 사이에 전쟁이 발생한다면 족히 십억의 십억, 또 십억의 십억 그리고 그 일천 배에 해당하는 서로 다른 많은 수의 분쟁이 발생할 것이다. 평화를 해치는 이렇게 많은 경우의 수를 감안한다면, 우리 모두가 평화의 중재자로서 각자 시간의 일부분을 할애한다 하여도 적대감으로부터 해방되리라고 기대하기는 어려울 것 같다.

수학의 세계에도 역시 너무나 많은 경우의 수 때문에 압도당하여 적절한 풀이 방안을 찾을 수 없는 문제가 있다. 이들 중 대표적으로 오래 된 것이 세일즈맨의 여행 문제로 다음과 같은 문제이다. 여러 도시를 여행해야 하는 세일즈맨이 전체 여행 거리를 최소화하려면 어떤 순서로 각각의 도시를 여행하여야 하는가? 문제에 나오는 도시가 몇 개 안 된다면 암산으로 답을 구할 수 있을 만큼 쉬운 문제이다. 그렇지만 도시의 수가 많아지면, 예를 들어 50개나 된다면 백만의 백만에 만을 곱한 경우의 수보다도 많은 수의 여행 스케줄에서 선택하여야 한다.

개체들의 조합을 분석하는 문제가 포함된 수학의 분야를 조합론(combinatrics)이라 한다. 이 때의 분석이란, 보통 문제를 해결하는 완벽한 하나의 조합을 찾아내기 위하여 모든 가능한 경우의 조합들로부터 판단하는 것을 말한다.

그와 같은 대부분의 문제들은, 전체 경우의 조합이 다룰 수 있을 만큼 작은 개수이기 때문에, 쉽게 답을 찾아낼 수 있다. 12짝의 양말을 짝지우는 모든 경우의 수(66가지)를 분류하는 문제나, 처음 10개의 수로 분수를 만드는 방법의 수(45가지), 또는 12명의 초대 손님을 세 개의 떨어진 탁자에 배열하는 방법의 수

(220가지) 등을 구하는 문제들이 그러하다.

그렇지만, 어떤 문제에서는 조합의 수가 천문학적인 수, 예를 들어 하늘에 떠 있는 별들의 수보다도 많은 수가 되기 때문에 세상에서 가장 빠른 컴퓨터라 하더라도 적당한 시간 내에 이를 계산한다는 것이 불가능할 수도 있다. 특히, 50개 도시를 여행하는 세일즈맨의 문제가 이 경우에 해당한다. 그와 같은 문제에서 조합의 수는 하도 엄청나기 때문에, 이 문제를 해결할 수 있다고 수학자들이 처음에 가졌던 환상은, 완전하지는 않지만 그래도 최적 근사값을 발견할 수 있다는 보다 겸손한 자세로 물러설 수밖에 없었다.

조합론에서는 관습상 다음과 같이 문제의 규모를 분류한다. 문제 안에 들어 있는 원소의 개수가 증가함에 따라, 있을 수 있는 모든 경우의 조합 수를 찾아내기 위해 필요한 컴퓨터의 작동 시간이 얼마나 증가하는가에 따라 분류하는 것이다.(문제 안에 들어 있는 원소의 개수를 그 문제의 크기라고 부른다. 세일즈맨의 문제에서는 여행 스케줄에 들어 있는 도시의 수를 말한다.) 문제의 규모를 오름차순으로 분류하여, 이들을 산술적 규모, 다항식의 규모, 비다항식의 규모라고 부른다.

산술적 규모의 문제에서 컴퓨터가 모든 조합의 수를 계산하는 데 필요한 시간이 문제의 크기에 비례하여 증가한다. 이는 어느 집단에서 한 사람의 고객에게 가장 잘 어울리는 후보자를 찾는 컴퓨터 데이트 프로그램 게임의 경우에 해당한다. 집단의 수, 즉 문제의 크기를 두 배 또는 세 배 할 때마다 필요한 컴퓨터 작동 시간도 두 배 또는 세 배가 된다.

다항식 규모의 문제는 컴퓨터 작동 시간이 문제 크기의 거듭제곱(제곱, 세제곱 등등)으로 급격하게 증가한다. 여기에 속한 문제로, 주어진 26개의 문자와 0부터 9까지의 열 개의 숫자를 사용하여 만들 수 있는 세 개의 문자와 세 개의 숫자로 구성된 자동차 번호판의 개수를 계산하는 문제가 있다(답: 17,576,000). 주어진 문자와 숫자의 개수를 두 배 또는 세 배 하면 전체의 경우의 수는 여덟 배 또는 스물 일곱 배로 증가하며(즉, 2의 세제곱 또는 3의 세제곱), 이를 계산하는 데 걸리는 컴퓨터 작동 시간도 이에 따라 증가한다.

비다항식(NP; nonpolynomial의 약자) 규모의 문제는 인구 증가와 같이 빠른 증가 패턴에 따라 컴퓨터 작동 시간이 지수함수의 증가율로 증가한다. 여기에 속하는 문제의 상당수가 시간표 짜는 문제로 원하는 결과를 얻기 위한 단 하나의 스케줄을 찾는 문제이다. 여기에는 세일즈맨의 여행 문제도 있고, 항공 회사에서 필요한 비행기의 스케줄을 계획하는 문제가 관련 문제들이다.

항공 회사는 가능한 한 많은 도시에 착륙하여 필요한 만큼의 서비스를 제공하면서 비용을 최소화하는 여정을 계획해야 하는데, 이는 그 해결이 결코 만만치 않은 복잡한 문제이다. 피플스 익스프레스(People' s Express)라는 한 미국 항공 회사의 경우, 기착지를 단 여섯 도시에서 약 스물 네 개의 도시로 확장할 때 가능한 여정이 32에서 1,048,576으로 증가한다. 문제 크기가 단 네 배만 증가하였는 데 반해 가능한 경우의 조합 수는 32,768배나 증가하였다. 문제 해결이 이렇게 복잡한 것을 보면, 보통 항공 회사에서 단 하나의 전체 여정표를 준비하는 데 30명의 직원과 두 대의 컴퓨터만으로도 2년이 걸린다는 사실은 그리 놀랄 일은 아니다.

세 가지 규모의 조합 문제에서 산술적 규모와 다항식 규모의 문제들은 문제 크기에 따라 증가하는 속도를 충분히 따라잡을 수 있기 때문에 수학자들은 컴퓨터의 도움을 받아 쉽게 처리할 수 있다. 물론 크기가 작은 NP 규모의 문제도 그 해결이 가능하다. 그러나 오늘날 초고속 컴퓨터를 이용하더라도 35개의 도시를 여행하는 세일즈맨 문제와 같은 단 하나의 NP 규모의 문제에서는, 가능한 모든 조합의 수를 계산하는 데에 대략 30,000년이 걸리며, 가까운 장래에 어떤 컴퓨터도 크기가 큰 NP 규모의 문제를 해결할 수는 없을 것이다.

지난 20년간 조금씩 정착된 이 마지막 깨달음은, 최초의 디지털 컴퓨터가 등장했던 1940년대에 수학자들이 느꼈던 낙관론과 극명하게 대조된다. 충분히 강력한 컴퓨터를 만들기만 하면 엄청난 크기의 NP 규모의 문제를 해결할 수 있다는 환상에 대한 믿음이 UNIVAC(Universal Automatic Computer)의 출현과 함께 생겨났다. 몇 년의 세월이 흐르면서 컴퓨터는 정말 급속도로 강력해졌지만, 위에서 언급했듯이 엄청난 크기의 NP 규모의 문제를 해결할 수 있을 만큼 아직 강력하지는 않으며 가까운 시기에 그럴 가능성도 없다는 사실이 분명해졌다.

그러나 수학자들은 커다란 NP 규모의 문제를 해결할 수 있다는 환상을 완전히 버리는 대신, 그보다는 보다 작은 목표를 설정하였다. 대략 지난 20년 동안 엄청난 크기의 NP 규모의 문제에서 가능한 모든 경우의 조합을 굳이 발견하지 않아도 되는 테

크닉을 이용하여, 이들은 근사적인 풀이를 발견하는 데 집중하였다.

소위 이들 최적전략은, 실제로 정확한 풀이가 어떤 준거를 만족해야 하는가를 수학자가 최초로 결정하는 것에 따라 나름대로 정해진다. 그러면 수학자는 이들 준거에 들어맞는 풀이 과정에 대한 작업을 조직적으로 만드는데, 이는 교사가 어떤 교육적 준거를 미리 파악하여 이를 반영하는 교육과정을 수립하는 것과 같다. 이 때의 해결책은 진술된 준거를 만족하기 때문에 최적전략이라 하는데, 그렇지만 실제의 정확한 해결책과는 달리 결코 완벽하지도 않을 뿐더러 유일한 해결책도 아니다. 그 이유는 매우 간단한데, 최적 해결책을 추론한 준거가 정확한 것이 아니기 때문이다. 사실상 그 준거들이란 경험에 의한 추측에 지나지 않는다.

크기가 큰 세일즈맨의 여행 문제에 대한 한 가지 최적전략은, 세일즈맨이 항상 현재 위치로부터 가장 가까운 도시로 이동한다는 경험에 근거를 둔 것이다. 이를 최근거리-미방문-도시 준거(the closest-unvisited-city criterion)라 하는데 그 근거는 명백하게 상식으로부터 비롯되었다.

이와 같은 상식적인 준거만으로 정확한 해결책을 구할 수 없지만, 대개 완벽한 해결책, 즉 최단거리 스케줄의 20퍼센트는 얻을 수 있다. 수학자들은, 해결 가능한 정도로 작은 크기의 세일즈맨의 여행 문제에서 실제 해답을 구한 후에 최적 해결책과 비교하여 이와 같은 평가를 한 것이다. 이 때의 가정은 합리적인 것으로, 불만족스럽지만 그대로 활용할 수 있는 최적 해결책을 크기가 큰 문제에 적용하여 초래되는 손실을 비교한다면 파악할 수 있다는 가정으로부터 출발한다.

최적 해결책의 준거가 유일무이한 것이 아니라는 사실은, NP 규모의 스케줄 문제를 해결하려고 노력하는 항공 회사들의 시도에서 특히 명백하게 나타난다. 이들은 현재 네 가지 기본적 최적 해결책을 다양하게 결합한 시나리오를 사용하는데, 이들 네 가지는 각각 건너뛰기 여정(skip-stop scheduling), 근거리 여정(local scheduling), 직항 여정(nonstop scheduling), 교차 연결 여정(cross-connection scheduling)이라고 한다.

건너뛰기 여정이란 비행기가 주어진 항로 위에 놓여 있는 도시를 한 도시씩 걸러서 비행하는 것을 말한다. 이는 중간 거리의 비행에서는 매우 효과적인 서비스를 제공한다. 근거리 여정은 항로의 일부 구간에 있는 모든 도시를 비행하는 것을 말하는데, 단거리 지역에서는 최상의 서비스를 제공한다. 직항 여정은 멀리 떨어진 도시들을 직항하는 것을 말하는데, 장거리를 빨리 비행한다는 이점이 있다. 그리고 교차 연결 여정은 시카고와 같이 공통된 중간 지점까지 비행한 후, 이 지점에서 더 많은 목적지를 승객들에게 제공하는 것을 말한다. 이 때의 가정은 어떤 항공 회사들도 모든 도시 사이에 직항 항로를 개설할 수 없음을 전제로 한다. 그러므로 로드 아일랜드 주의 프로비던스에서 캘리포니아 주의 산타 바바라까지 비행하는 승객은 그 항로 중간의 어느 지점인가에 위치한 공항에서 비행기를 갈아타야 한다.

많은 경우의 수의 조합을 계산해 낼 수 없다는 현실 때문에 대부분의 수학자들은 최적의 해결책을 수립하는 데 노력을 집중시켰지만, 최근 조합론에서 이루어진 발견으로 옛날에 가졌던 환상의 일부분을 다시 한 번 꿈꿀 수 있게 되었다. 1971년 미국의 수학자 카프(Richard Karp)는 어느 의미에서 각각 모든 규모의 전형이라 할 수 있는 NP 규모의 문제에 하위 분류체계가 있음을 발견한 것이다. 카프는 이들을 NP 완결 문제라 이름지었는데, 그 이유는 그가 증명했듯이 만일 수학자가 단 하나의 NP 완결 문제를 해결할 수만 있다면 그는 다른 모든 NP 규모의 문제를 완벽하게 해결할 수 있는 기술적 방법을 갖게 되기 때문이다. 이들 기본형의 문제 중에는 세일즈맨의 여행 문제도 포함되어 있다.

카프의 발견에는, 수학자들이 크기가 큰 NP 규모의 문제를 해결하는 데 어떤 진전도 있었지만 동시에 반드시 그런 것만도 아니라는 두 가지 측면이 모두 있다. 즉, 커다란 조합의 양을 계산하지 못하는 우리의 무능력을 개선하지는 못했지만 수학자들이 어디에 초점을 두고 도전할 것인가를 제시해 주면서 좀더 성공적인 결과에 약간이나마 다가갈 수 있게 하였다.

동시에 오늘날 조합론이 나아갈 방향은 다른 것에 의해 영향을 받는 만큼 인간의 특성에 의해서도 지속적으로 영향을 받고 있다. 실제로도 정확한 해답이 될 수 없는 최적 해결책을 추구하기 때문에 수학자들은, 마치 전쟁의 종식에 대한 끊임없는 환상을 갖지만 결코 진정한 평화를 얻을 수 없으면서도 평화에 근접한 상태를 추구하는 인간처럼 행동하고 있다. 그리고 이러한 비교는 한 걸음 더 나아간 중요한 진전을 이룩한다. 수학자들은, 우리가 범세계적인 평화를 확립할 수 있는 기회를 얻듯이,

대략 50개의 도시를 여행하는 세일즈맨의 문제를 해결할 기회도 얻을 수 있는 것처럼 보인다. 결국 조합론에서 이룩한 카프의 업적과 현실 세계에 대한 조지 칼린의 제안으로 아무리 그 희망이 멀리 떨어져 있더라도 우리들에게는 희망을 줄 수 있을 것 같은 기대를 하는 것이 인지상정이리라. 그 희망이란, 해결해야 할 문제가 세일즈맨의 여행 문제건 아니면 인간 갈등의 난문제이건 간에, 수많은 문제 중에서 하나의 중요한 문제만이라도 우리가 해결할 수 있다면 결국은 그 문제와 관련된 모든 문제들이 해결될 수 있다는 희망이다.

연대표

이 표는 이 책에 나오는 수학자들에 대하여 그들이 살았던 시대와 수학사에 남긴 공헌을 간략하게 정리한 것이다.

기원전

624-546 밀레투스의 탈레스(Thales of Miletus): 기하학에 논리적 증명의 개념을 도입.

569-500 사모스의 피타고라스(Pythagoras of Samos): 피타고라스 정리를 포함하여 초기 기하학 역사에 많은 공헌을 함. 또한 그와 그의 학파는 현대 수점(數占)의 기초를 닦았으며 무리수를 발견.

429-348 플라톤(Plato): 소크라테스의 제자, 관념론 철학의 창시자로 오늘날 플라톤주의 수학 철학에 영향을 미침.

384-322 아리스토텔레스(Aristotle): 전통적인 연역적 논리에 대한 작품인 오르가논(Organon)의 저자.

330-275 유클리드(Euclid): 고대 알렉산드리아의 수학 교사. 그리스 기하학을 단 하나의 일관성 있는 논리적 학문으로 재편집함. 그 결과물은 원론(Elements)이라는 제목의 방대한 책으로 성경 다음의 베스트 셀러.

287-212 아르키메데스(Archimedes): 우주의 크기를 나타낼 수

있는 수 체계를 최초로 계발. 미분학의 태동을 앞당긴 중요한 업적을·남김.

기원후

100-168 톨레미(Claudius Ptolemy): 천문학에 수학을 뛰어나게 이용한 것으로 기억됨.

1596-1650 데카르트(René Descartes, 프랑스인): 기하학을 우아하고 생산적인 방식으로 재표현함. 이는 오늘날 해석 기하학이라고 부름.

1642-1727 뉴턴(Sir Isaac Newton, 영국인): 라이프니츠와는 독자적으로 미분학을 창시.

1646-1716 라이프니츠(Baron Gottfried Wihelm von Leibnitz, 독일인): 뉴턴과는 독자적으로 미분학을 창시.

1707-1783 오일러(Leonhard Euler, 스위스인): 위상수학의 창시자.

1777-1855 가우스(Carl Friedrich Gauss, 독일인): 현대 수학의 거의 모든 분야에 업적을 남긴 천재. 특히 미분 기하학을 창시.

1790-1868 뫼비우스(August Ferdinand Möbius, 독일인): 초기 위상수학의 발달에 공헌.

1793-1856 로바체프스키(Nicholas Ivanovich Lobachevski, 러시아인): 볼리아이, 가우스와는 독자적으로 비유클리드 기하학을 창시.

1802-1860 볼리아이(János Bolyai, 헝가리인): 로바체프스키, 가우스와는 독자적으로 비유클리드 기하학을 창시.

1811-1832 갈루아(Évariste Galois, 프랑스인): 군론이라는 분야를 창시.

1814-1897 실베스터(James J. Sylvester, 영국인): 케일리와 함께 행렬을 만들어서 추상대수학의 발달에 공헌.

1821-1895 케일리(Arthur Cayley, 영국인): 실베스터와 함께 행렬을 창시.

1826-1866 리만(George Friedrich Bernhard Riemann, 독일인): 가우스가 창시한 미분 기하학의 보충하여 현대적인 차원의 개념을 이룩.

1831-1916 데데킨트(Julius Wilhelm Richard Dedekind, 독일인): 무리수 정의를 명확하게 밝힘.

1845-1918 칸토어(Georg Cantor, 독일인): 고전 집합론의 창시자. 무한의 현대적 개념에 공헌.

1848-1925 프레게(Gottlob Frege, 독일인): 오늘날 '현대 수학'의 기초인 논리와 집합론의 관점에서 수론을 창시.

1849-1925 클라인(Felix Klein, 독일인): 형식을 분류하여 기하학의 개념을 구성.

1854-1912 푸앵카레(Jules Henri Poincaré, 프랑스인): 현대 수학의 모든 분야에 업적을 남김.

1862-1943 힐베르트(David Hilbert, 독일인): 현대 수학과 수학 철학에 많은 공헌을 함.

1872-1970 러셀(Bertrand Russell, 영국인): 논리학과 수리 철학

분야에 커다란 공헌을 함.

1906-1978 괴델(Kurt Gödel, 독일인): 참이지만 논리를 사용하여 참으로 증명할 수 없는 수학적 명제가 항상 존재함을 증명한 것으로 유명.

1922-1974 라카토스(Imre Lakatos, 헝가리인): 괴델의 정리를 '의심 가능한 철학 philosophy of dubitability' 이라는 수학 철학에 통합.

용어 해설

이 책에 나오는 중요한 수학 용어를 정의와 함께 나열하였다.

가설(hypotesis), 추측(conjecture): 증명되지는 않았지만 수학적으로 참이라는 짐작을 할 수 있는 명제(예, 골드바흐의 추측)

게임 이론(game theory): 둘 이상의 사람 사이에 벌어지는 갈등에 대한 이론.

골드바흐의 추측(Goldbach's conjecture): 모든 짝수는 두 개의 소수의 합으로 나타낼 수 있다. (예, 4는 1+3과 같고, 8은 3+5와 같다.)

공리(axiom, postulate): 증명 없이 참으로 받아들이는 명제.

공집합(empty set, null set): 원소가 없는 집합.

교환법칙이 성립(commutative): 대수학에서 두 수를 바꾸어서 더하거나 곱하여도 같은 결과를 얻을 때.

군론(group theory): 감각으로 감지할 수 없는 대칭을 기술하게 하는 수학의 분야.

기하학(geometry): 대여섯 가지의 서로 다른 방법으로 사물의 크기와 형태에 관하여 연구하는 학문. 예를 들어 해석기하학은 크기와 형태를 연구하는 데 대수적 방법을 사용하고,

미분 기하학은 미분학의 방법을 사용한다.

다각형(polygon): 기하학에서 여러 개의 변을 갖는 2차원의 도형.

다양체(manifold): 위상수학에서 임의의 차원을 갖는 개념적 우주.

대수학(algebra): 여러 종류의 수에 대한 사칙연산을 포함한 산수의 일반화.

뫼비우스의 띠(Möbius strip): 위상수학에서 양 끝을 반만 비틀어 서로 연결한 띠.

무리수(irrational number): 정수나 분수로 나타낼 수 없고 오직 무한소수로만 나타낼 수 있는 수.(예. $\pi=3.141592\cdots$)

미분학(differential calculus): 완만하고 연속인 변화에 대한 수학적 연구.

복소 평면(complex plane): 대수학에서 하나의 실수와 하나의 허수로 구성되는 좌표에 대응하는 점으로 이루어진 수학적 지도.

분수(fraction): 분모, 분자가 정수인 수.

불변(invariant): 위상수학에서 위상적 변환하에 변하지 않는 성질.

산수(arithmetic): 양수의 사칙연산에 대한 연구.

삼단논법(syllogism): 논리학에서 보통 두 개의 공리와 하나의 결론으로 이루어지는 명제.

상관관계(correlation): 통계학에서 두 개 이상의 특성 사이의 관련성의 측정치(예, 흡연과 폐암의 상관관계)

소수(prime number): 자기 자신과 1 이외에는 약수가 없는 수.(예, 1, 3, 5, 7, 11,…)

수직선(數直線, number line): 정수, 분수, 무리수가 크기순으로 배열되어 있는 직선.

실수(real number): 제곱하면 양수가 되는 수.

양수(positive number): 0보다 큰 수.

연속체 가설(continuum hypothesis): 1878년 칸토어가 제안한, 무리수가 $\aleph_1$개 있다는 추측. (참고: 초한수)

원주율(pi): 그리스 문자의 열여섯 번째로 반지름에 대한 원의 둘레의 비율. 대략 3.14159.

위상 변환(topological transformation): 도형을 구부리거나 비틀고 늘리는 것.

위상수학(topology): 위상 변환을 하여도 불변인 도형의 성질을 연구하는 기하학의 한 분야.

유리수(rational number): 두 정수의 비로 나타낼 수 있는 수.

음수(negative number): 대수학에서 0보다 작은 수.

의구(擬球, pseudosphere): 기하학에서 입구가 함께 맞붙은 두 개의 트럼펫 모양의 물체.

입체(solid): 기하학의 삼차원 도형.

점(point): 기하학의 기본 요소 중의 하나, 위치는 정할 수 있지만 차원이 없음.

점근(asymptote): 기하학에서 어떤 선이 한없이 가까워지지만 결코 만나지 않는 경계선.

정리(theorem): 어떤 논리적 체계의 규칙에 따라 증명된 수학적 결론.

정수(whole number): 개수를 세는 0, 1, 2, 3, 4, … 등의 수.

조합론(combinatrics): 원소의 조합을 구성하는 문제를 다루는 분야.

증명(proof): 가설의 참을 확립하는 논리적 주장.

지수함수적 성장(exponential growth): 인구와 관련하여 항상 현재 인구의 크기에 비례하는 비율로 성장하는 패턴.(예, 인구가 크면 클수록 더 빨리 증가한다.)

집합(set): 집합론에서 임의의 모임.

철학(philosophy): 수학에서 수학적 존재와 수학적 증명의 성질과 같은 주제를 다루는 분야.

초한수(trasnsfinite number): 19세기 칸토어가 정의한 무한의 위계로 $\aleph_0$, $\aleph_1$, $\aleph_2$, $\aleph_3$, 등이 있다.($\aleph$는 헤브루 문자의 첫 문자로 알레프라 읽는다.) 각각의 알레프는 앞의 알레프보다 무한히 크며, 따라서 $\aleph_0$는 보통 '무한'이라고 말하는 무한을 가리킨다.

최적전략(optimal strategy): 두 사람 사이의 게임에서 이기거나 무승부를 보장하는 전략.

카타스트로피 이론(catastrophe theory): 급격한 변화를 수학적으로 기술하고 연구하는 학문.

특이성(singularity): 수학에서 무한한 양의 점.

패러독스(paradox): 딜레마나 상식에 모순되는 결론이 나는 명제.

평균(average): 통계학에서 집단을 구성하는 개체들을 대표하는 특성.

평행(parallel): 기하학에서 아무리 연장하여도 만나지 않는 직선.

표본(sample): 통계학에서 모집단을 대표하기 위해 추출된 원소의 모임.

프랙털(fractal): 분수 차원의 대상.

피타고라스 정리(pythagorean theorem): 기하학에서 직각삼각형의 두 변을 알고 나머지 한 변을 구할 때 이용하는 공식.

허수(imaginary number): 대수학에서 제곱이 음수가 되는 수의 이름.

혼돈(chaos): 통계학에서 혼돈 특성이란 전혀 예측이 불가능한 특성을 말한다.

확률(probability): 대개 백분율로 어떤 사건이 일어날 가능성을 나타냄.

더 읽을 거리

Adler, Alfred. "Mathematics and Creativity" (*The New Yorker,* February 19, 1972).

Bell, E.T. *Men of Mathematics* (Simon and Schuster, New York, 1961).

Bell, E.T. *The Development of Mathematics* (McGraw-Hill, New York, 1949).

Bergamini, David. *Mathematics* (Time-Life Science Library, Time, Inc., New York, 1963).

Dieudonné, J. "Should We Teach Modern Mathematics?" (*American Scientist,* January/February 1973).

Fadiman, Clifton, ed. *Fantasia Mathematica* (Simon and Schuster, New York, 1958).

Fadiman, Clifton, ed. *Mathematical Magpie* (Simon and Schuster, New York, 1964).

Kasner, Edward and Newman, James. *Mathematics and the Imagination* (Simon and Schuster, New York, 1962).

Kline, Morris, ed. *Mathematics: An Introduction to its Spirit and Use*

(Freeman, San Francisco, 1978).

Kline, Morris, ed. *Mathematics in the Modern World* (Freeman, San Francisco, 1968).

Kolata, Gina Bari. "Mathematical Proof: The Genesis of Reasonable Doubt" (*Science,* June 4, 1976).

Pedoe, Dan. *The Gentle Art of Mathematics* (Dover, New York, 1972).

Sanford, Vera. *A Short History of Mathematics* (Houghton Mifflin, Boston, 1930).

Smith, David E. *The Poetry of Mathematics and Other Essays* (Scripta Mathematica, New York, 1947).

Steen, Lynn Arthur. "Order from Chaos" *(Science News,* May 3, 1975).

Struik, Dirk J. *A Concise History of Mathematics* (Dover, New York, 1967).

Turnbull, H.W. *The Great Mathematicians*(NYU Press, New York, 1961).

찾아보기

깊고 그윽한 수학의 향기 경문수학산책

1. 수학의 위대한 순간들

Great Moments in Mathematics

하워드 이브스 지음 | 허민 · 오혜영 옮김 | 644쪽

"수학은 어떻게 생겼는가?"에 대한 깊은 통찰과 혜안. 호머 시대의 전설로 시작하는 이 책은 다양한 수학적 결과의 역사적 배경을 알기 쉽게 설명하며, 그와 연관된 수학자들에 대한 흥미로운 일화를 알려준다.

2. 수학: 새로운 황금시대 (제2판)

Mathematics: The New Golden Age-2nd

키스 데블린 지음 | 허민 옮김 | 416쪽

1960~85년 동안 현대 수학에서 이루어진 발전에 초점을 맞추고 있다. 특히 각 장은 기본적인 내용을 미리 설명하고 역사적인 발전 과정을 통해 이야기하고자 하는 주제에 접근하기 때문에 일반 독자도 큰 어려움 없이 현대 수학의 묘미를 느낄 수 있다.

3. 수학의 천재들 (개정판)

Journey Through Genius: The Great Theorems of Mathematics

윌리엄 던햄 지음 | 조정수 옮김 | 512쪽

인류 역사를 거슬러 오르는 수학의 걸작품. 수학의 역사에서 가장 중요하면서 독창적인 논리적 증명들을 탐구하고 이러한 증명의 정리들이 왜 수학사에서 중요성을 가지는지, 그리고 어떻게 수학자들이 절박한 논리적 쟁점들을 해결했는지 살펴본다.

4. 수학사

An Introduction to the History of Mathematics

하워드 이브스 지음 | 이우영 · 신항균 옮김 | 632쪽

수학의 역사적 발전 과정을 통해 실증적인 통찰력을 가지게 하고, 수학의 총체적 특성과 본질을 파악하는 데 중요한 단서를 제공한다. 수학사는 단순한 수학적 발견의 기록이나 미래를 예측하기 위한 수단으로서의 가치보다는 수학 그 자체의 본질을 위한 도구로서 그 가치가 인정되고 다루어져야 한다는 사실을 일깨워준다.

5. 수학의 기초와 기본 개념

Foundations and Fundamental Concepts of Mathematics

하워드 이브스 지음 | 허민 · 오혜영 옮김 | 598쪽

수리철학 과목에 가장 근접한 교과서, 혹은 입문서로서의 역할을 하고도 남는 책. 수학의 사상과 그 변천 과정을 알아볼 수 있다. 수학의 기본 개념들을 학부 수학과 학생의 수준에 맞추어 저술했다.

6 · 7. 수학적 경험 (상 · 하)

The Mathematical Experience

로이벤 허시 지음 | 양영오 · 허민 옮김 | 350쪽 내외

1996 우수학술도서상과 1983년 미국 도서상을 수상한 이 책에 대하여 한 저명한 수학 월간지는 "진정한 보석, 현대의 명작"이라며 극찬을 아끼지 않았다. 종교, 철학, 교육 등 여러 분야에서의 수학에 대한 논쟁을 탐구하는 저자의 풍부하고도 정교한 감각이 유난히 돋보인다.

깊고 그윽한 수학의 향기 경문수학산책

8. 수학: 양식의 과학

Mathematics: the Science of Patterns

키스 데블린 지음 | 허민 · 오혜영 옮김 | 468쪽

저자는 수학을 '양식의 과학'이라 정의하고, 이 정의를 핵심적인 주제로 선택해서 셈(자연수), 추론(언어, 논리학, 집합론), 운동(미적분학), 형태(기하학), 대칭(대수학), 위치(위상수학) 등으로 서술한다.

9. 인간적인, 너무나 인간적인 수학

Bridges to Infinity

마이클 길렌 지음 | 박영훈 옮김 | 238쪽

수학은 인간이 만든 아름답고도 깊은 세계이지만 많은 사람들은 단순한 기능이나 도구로만 여기면서 이를 외면해왔다. 저자는 일반인들이 가지는 수학불안증은 수학이 어떤 학문인지 잘 모르기 때문에 생긴다고 주장한다. 이 책에서는 기호를 사용하지 않고도 수학의 개념을 쉽게 전달하고 있다.

10. 20세기 수학의 다섯 가지 황금률

Five Golden Rules: Great Theories of 20th-Century Mathematics

존 캐스티 지음 | 한태식 · 권기호 · 김정헌 옮김 | 392쪽

1999 좋은책 100선(중앙일보 선정)

수학에 대한 전문 지식이 없는 일반 독자들에게 금세기에 이룩한 수학자들의 업적 중에서 가장 뛰어난 다섯 가지(게임이론, 위상수학, 특이점이론, 계산이론, 최적화이론)를 제시하고 이에 대한 현대적 감각에 어울리는 다양한 예제를 통해 흥미와 품위를 돋워준다.

11. 아름다운, 너무나 아름다운 수학

The Universe and the Teacup

K.C. 콜 지음 | 박영훈 옮김 | 278쪽

제19회 한국과학기술도서상 수상

많은 사람들이 가지고 있는 수학에 대한 두려움을 분석하고 이를 해소하기 위해 출간된 다른 책들과는 분명히 다르다. 이 책은 수학이 우리의 머리뿐만 아니라 가슴을 구성하는 부분이라는 것을 보여주고 있다. 저자의 폭넓고 특유의 재치와 거침없는 언변이 눈길을 끈다.

12. 수학세계 탐험기

All the Math That' s Fit to Print

키스 데블린 지음 | 허민 · 오혜영 옮김 | 558쪽

1983~89년까지 영국의 가디언 지에 연재했던 수학과 컴퓨터에 관한 글을 모은 것으로, 수학 세계에서 다루어지고 있는 광범위한 주제를 재치 있고 흥미로우며 읽기 쉽게 설명하고 있다. 수의 아름다운 양식, 소수, 원주율 등과 같은 수학의 전통적인 주제뿐만 아니라 팔팅스의 정리 및 리만의 추측과 같이 심오한 결과와 미해결 문제를 누구나 이해할 수 있도록 설명하고 있다.

13 · 14. 수학의 역사 (상 · 하)

A History of Mathematics

칼 보이어 · 유타 메르츠바흐 지음 | 양영오 · 조윤동 옮김 | 570쪽 내외

제41회 한국백상문화상 출판상 수상

누구나 알기 쉬운 수학 역사 길잡이. 이집트

로부터 20세기 중반까지 수학이 발달해온 과정을 연대순으로 폭넓게 개괄하여, 수학사에 대한 전반적인 이해를 가능하게 한다.

15. 물질, 정신 그리고 수학

Matier A Pense

장 피에르 상제 · 알랭 콘느 지음 | 강주헌 옮김 | 368쪽

파스퇴르 연구소 분자 신경생물학실장, 콜레주 드 프랑스의 세포 커뮤니케이션 연구소장인 장-피에르 상제와, 콜레주 드 프랑스의 분석기하학 연구소장이며 필즈상 수장자인 알랭 콘느가 수학과 자연, 현실과 이성, 인공지능, 수학과 진화론 등의 문제를 두고 격렬하고도 근사한 논쟁을 벌인다. 두 거장의 깊은 생각과 정확한 논리성이 독자를 경탄과 흥분으로 몰아넣는다.

16. 오일러가 사랑한 수 *e*

e: The Story of a Number

엘리 마오 지음 | 허민 옮김 | 368쪽

로그의 밑인 *e*에 대한 명쾌하고 정확한 해설과 여러 가지 여담과 역사적 사실을 흥미롭게 서술했다. 페트르 베크만의 《파이의 역사》와 견줄 만한 책이다.

17. 파이의 역사

A History of π

페트르 베크만 지음 | 박영훈 옮김 | 280쪽

1,900년 동안이나 타의 추종을 불허하는 방법으로 값을 발견하고자 한 아르키메데스의 이야기에서부터 악마의 수라 비난했던 중세 주교들의 이야기, 이미 4,000년 전에 이집트인들이 발견한 값을 책으로 출간하면서 야단법석을 떨었던 클리블랜드의 어떤 사업가 이야기에 이르기까지, 역사를 관통하며 펼쳐졌던 원주율 π에 관한 수많은 사건과 일화가 흥미롭게 전개된다.

18. 신의 베틀

The Loom of God: Mathematical Tapestries at the Edge of Time

클리퍼드 픽오버 지음 | 이상원 옮김 | 464쪽

수학과 종교는 분리된 것인가? 무한성을 이해하려는 수학적인 의문은 신을 이해하려는 종교적 시도와 여러 면으로 맞닿아 있다. 종교와 수학 모두 인간과 우주, 그리고 무한성 사이의 관계를 탐구한다. 양자 모두 비밀스러운 상징과 의식을 가지고 있으며 불가해한 언어를 보유한다. 우리 마음 속 깊숙한 곳에서 작용하면서 상상력을 자극한다는 점도 같다.

19. 수리철학의 기초

Introduction to Mathematical Philosophy

버트런드 러셀 지음 | 임정대 옮김 | 280쪽

1919년 처음 출판되어 수학의 기초론에 관한 철학적 사상의 결정적인 역할을 해온, 버트런드 러셀의 명저. 이 책은 1986년에 처음 번역되었지만 전면적으로 다시 번역하고, 수학기초론의 3대 입장인 논리주의, 직관주의, 형식주의의 개요를 소개하여 논리주의를 다른 두 사상과 비교하여 이해하는 데 도움이 되도록 덧붙였다.

20. 자연, 예술, 과학의 수학적 원형

A Beginner s Guide to Constructing the Universe: The Mathematical Archetypes of Nature, Art, and Sciences

마이클 슈나이더 지음 | 이충호 옮김 | 392쪽

2002년 문화관광부 우수학술도서 선정

꽃, 조가비, 결정, 식물, 인체에서 발견할 수 있고, 속담이나 동화, 신화, 종교, 마술, 건축의 상징 언어로 표현된 수학적 원리들을 탐구하기 위해 1에서 10까지의 수들을 살펴보는 철학적 여행. 우리가 학교에서 배우는 것과는 아주 다른 시각에서 바라본 것이지만, 우주를 통해 반복적으로 나타나고 인간사에 내재하는 패턴들을 포괄적으로 파악하게 해주는 안내자 역할을 한다.

21. 수학이란 무엇인가?

What is Mathematics? 2nd Ed.

리처드 쿠랑 · 버트 로빈스 지음 | 박평우 외 옮김 | 이언 스튜어트 개정 | 704쪽

번뜩이는 수학의 보석을 한데 모은 위대한 고전. 형식적 수학은 철자법이나 문법과 같다. 즉, 국지적인 법칙들을 올바르게 응용하는 문제이다. 의미 있는 수학은 저널리즘과 같다. 수학은 흥미로운 이야기를 들려준다. 어떤 저널리즘과는 달리 그 이야기는 참이어야만 한다. 최선의 수학은 문학과 비슷하다. 즉, 수학은 목전의 인생에 이야기를 공급하며, 그 이야기 속에 당신을 지적으로, 감성적으로 함몰시킨다.

22. 수학과 음악

Emblems of Mind : The Inner Life of Music and Mathematics

에드워드 로스스타인 지음 | 장석훈 옮김 | 284쪽

음악은 귀에 들리는 수, 수는 숨겨진 음악. 이 책은 수학과 음악을 비교하면서 제기되는 가설로 인해 흥미롭다. 저자가 의도했던 바는 실제로 이 양쪽 분야에 모두 발을 담그고 있는 것이 어떤 것인지 그리고 그것이 요구하는 속성이 무엇이며, 다른 가운데 비슷한 점이 무엇인지를 이해하는 것이다.

23. 20세기 수학의 다섯 가지 황금률 II

Five More Golden Rule II

존 캐스티 지음 | 한태식 · 권기호 · 김정헌 옮김 | 352쪽

매듭이론이 새로운 약품 개발에 어떻게 기여하는지, 천문학자들이 호프의 분기정리를 이용하여 행성의 움직임을 알아내는 법, 우주여행에 필요한 제어이론의 중요성에 대한 강조에 이르기까지 캐스티는 20세기 현대 수학의 흥미진진한 세계를 쉽게 이해할 수 있게 하며, 이러한 내용이 우주의 비밀을 풀어내는 데 어떻게 도움이 되는지를 알려준다.

24. 도대체 수학이란 무엇인가?

What is Mathematics, Really?

로이벤 허시 지음 | 허민 옮김 | 628쪽

2004년 대한민국학술원 우수학술도서

수학의 전통적인 견해에 대한 도전! 본격적인 인본주의 수리 철학서. 수리 철학에 대한 가장 철저하고 포괄적인 탐구서이며, 수학자와 철학자 모두의 필독서이다. 저자는 연구 수학자로서의 경험을 철학적으로 적절하고 날카로운 감각과 결합시켜서, 모든 철학자의 공헌(또는 결함)을 간결하고 예리하게 잘 제시하고 있다.

25. 허수이야기

An Imaginary Tale: The Story of $\sqrt{-1}$

폴 나힌 지음 | 허민 옮김 | 360쪽

상상의 수, 허수 i에 숨겨진 이야기. 고대 이집트의 파피루스와 1세기 알렉산드리아의 헤론까지 거슬러 올라가 허수 i의 숨겨진 역사를 추적한다. 그리고 그 뒤 $\sqrt{-1}$이 이 세상에 등장해서 진정한 의미가 받아들여지고, 수학의 영광스러운 새로운 세계가 열린 과정을 흥미롭게 이야기한다.

26. 문화 속의 수학

Mathematics Elsewhere

마샤 애셔 지음 | 김이경 옮김 | 296쪽

수학을 통한 독특한 문화 체험. 지정학적으로 다양한 문화, 즉 아프리카의 보라나와 말라가시, 오세아니아의 통가나 마셜 제도, 남부 인도의 타밀, 서유럽의 바스트, 인도네시아의 발리족과 코디족의 생활에서 엿볼 수 있는 수학의 원리를 추적한다.

27. 수학, 천상의 학문

Pi in the Sky: Counting, Thinking, and Being

존 배로 지음 | 박병철 옮김 | 416쪽

인간은 수학을 발명했는가? 아니면 자연적으로 존재하던 수학이 어느 날 우리에게 발견된 것인가? 누구나 쉽게 떠올릴 수 있을 법한 질문이지만, 그 해답이 어느 쪽으로 내려지느냐에 따라 우리의 우주관과 인간관은 크게 달라진다. 플라톤의 이데아, 곧 천상의 세계에 존재하는 수학에 대한 궁극적인 질문과 해답.

28. 원의 역사

A History of The Circle

어니스트 지브로스키 지음 | 김창호 · 연윤정 옮김 | 300쪽

과학 기술, 문화, 역사, 그리고 자연과학에서 원에 대한 흥미로운 이야기.
고대 수학자로부터 20세기의 시공간에 대한 이론에 이르기까지, 지브로스키는 원의 연구가 자연계 일반에 대한 학문에 얼마나 막대한 공헌을 하였는가를 탐구한다.

29. 수학, 문명을 지배하다

Mathematics in Western Culture

모리스 클라인 지음 | 박영훈 옮김 | 664쪽

2006년 대한민국학술원 우수학술도서

수학을 매개로 짚어본 서양 철학사이자 과학사, 문화사. 모리스 클라인은 이 책을 통해 왜곡된 수학의 진정한 모습을 우리에게 보여주려는 시도를 하였다. 즉, 인류 문명, 특히 서양 문명의 형성 곳곳에 수학이 어떻게 자리잡았는지 저자의 해박한 지식을 동원하여 설파함으로써 사람 냄새를 맡을 수 있는 수학의 모습을 보여준다.

30. 무한의 편린

Fragments of Infinity: A Kaleidoscope of Math and Art

이바스 피터슨 지음 | 김승욱 옮김 | 296쪽

수학과 예술이 만나서 펼치는 무한한 상상력의 세계. 미술관에 가서 수학적인 것과 마주치게 되리라고 기대하는 사람은 아마 거의 없을 것이다. 얼핏 생각해도 비록 수학과 미술이 다 같은 인간 지성의 산물이긴 하지만 두 사이에 어떤 공통점은 없을 듯하기 때문이다. 하지만 이 책을 통해 미술관에 전시된 예술품들을 수학적인 시각으로 보고 나면 미술을 전혀 다른 관점에서 재발견하게 될 것이다.

31. 플래터랜드

FLATTERLAND: Like Flatland, Only More So

이언 스튜어트 지음 | 이한음 옮김 | 400쪽

1884년 에드윈 A. 애벗이 지은 《플랫랜드; 다양한 차원의 이야기》의 후속작으로 현대 수학의 가장 까다로운 개념들을 흥미롭고도 쉽게 접할 수 있게 했다. 독특한 주인공과 위트가 넘치는 색다른 줄거리를 통해서, 이 책은 우리가 현재 이해하고 있는 우주의 모양과 기원, 공간과 시간과 물질의 본질뿐 아니라 현대 기하학과 그것이 어디에 응용되는지를 탐구한다. 《이상한 나라의 앨리스》의 전통을 따라, 현실의 본질을 탐구하는 이 책은 현대 고전의 반열에 들 것이다.

32. 아프리카 수학

AFRICA COUNTS: Number and Pattern in African Cultures, 3rd

클라우디아 자슬라브스키 지음 |
김성희 · 김진호 · 박현미 · 안희진 · 유대현 옮김 | 378쪽

이 책은 아프리카 민족들이 수학이라는 학문에 끼친 공헌에 대해 기술하고 있다. 수체계의 발달 과정사, 수 이름, 시간 계산, 몸짓 수 세기 등 다양한 민속수학을 조사하고, 연구하고, 정리하고, 분석한 결과가 이 책이다. 또한 아프리카인들이 주로 즐기는 '만카라' 라는 게임에 내재되어 있는 수학, 아프리카판 '한붓그리기', 아프리카의 각 민족들의 생활용품에 담겨진 기하적 의미, 삶 속에 등장하는 수의 의미 등을 기록하고 있다.

33. 수학자 대 수학자

GREAT FEUDS IN MATHEMATICS

핼 헬먼 지음 | 노태복 옮김 | 378쪽

이 책은 수학자들의 불화와 다툼 그리고 반목에 관한 내용이다. 숭고한 논리와 비범한 창의력으로 절대적인 진리를 추구한다고 여겨지는 수학자들도 시기와 질투, 비방과 음모, 표절과 가로채기 그리고 승패를 둘러싼 다툼은 피할 수 없는 숙명이었다. 저자 헬먼은 다툼과 반목으로 얼룩진 수학사의 뒷골목을 면밀히 파헤쳐, 진리의 탐구자이기 이전에 인간일 수밖에 없는 그들의 모습을 있는 그대로 살려낸다. 지극히 객관적인 시선으로 때로는 자신의 느낌을 재치 있게 더하면서 저자는 독자들을 고상한 수학 레스토랑의 부엌 뒤쪽으로 안내한다.

34. 수학사대전

김용운 지음 | 734쪽

수학만을 아는 수학자란 있을 수 없다. 수학은 인간의 지적 활동의 핵으로서 문화 전반에 영향을 주었으며, 문화현상에서 끊임없는 자극을 받아왔다. 이 책은 수학에 대해 지적 호기심을 가지고 철학적인 사유를 즐기려는 사람, 수학을 통해 문화 현상을 상징적으로 파악하려는 사람들의 궁금증을 풀어준다. 수학사를 과거의 수학자들에 얽힌 한낱 '이야깃거리'와 수학상의 업적을 나열하고, 그 내용을 소개하는 '수학 연대기' 정도로 여기는 수학사에 대한 잘못된 선입견을 벗어나 인문학적 수학의 재미를 느끼게 될 것이다.

35. 독일 수학 시간 여행
– 가우스에서 힐베르트까지 –

신동우 임완권 지음 | 616쪽

수학의 황금시대를 이끌었던 독일 수학

이 책은 현대수학에 절대적인 영향을 미친 19세기와 20세기 초반 독일 수학 연구의 흐름과 독일 수학자들에 의하여 발전된 이론의 간략한 생성과정을 소개하고 있다. 독일의 저명한 대학들에서 활동했던 수학자들의 생애와 업적들을 특히 매 10년마다 나누어서 묘사함으로써 수학의 발전사를 가능하면 역동적으로 느껴질 수 있도록 구성하였다. 이 책을 준비하면서 저자들은 150여 년 간 가장 국력이 강했던 독일이란 국가의 흥망성쇠가 수학 발전의 속도에 얼마나 밀접하게 연결되어 있었는가를 전달하고자 했다.